# 数码摄影摄像入门与实战

（第2版）

雷剑/编著

清华大学出版社
北京

## 内 容 简 介

看着微信朋友圈及各大社交分享平台中精彩的照片和短视频，很多人都希望自己也可以拍摄出如此引人注目的作品。本书内容涵盖用单反相机、微单相机及摄像机拍摄照片和视频的常用技法，涉及拍摄照片和视频需要掌握的基础操作、附件与镜头、构图、用光、用色技法，还讲解了人像和风光两种常拍题材的实拍技法。最后的第7~10章讲解了拍摄视频需要准备的软硬件、基本流程及要了解的镜头语言等视频基础知识。本书适合摄影及视频爱好者阅读，也可作为专业院校的培训教材。



**图书在版编目（CIP）数据**

数码摄影摄像入门与实战 / 雷剑编著.－ 2版.－北京：清华大学出版社, 2021.5（2025.1 重印）

ISBN 978-7-302-58043-0

Ⅰ.①数… Ⅱ.①雷… Ⅲ.①数字照相机－摄影技术 Ⅳ.①TB86②J41

中国版本图书馆CIP数据核字(2021)第078592号

**责任编辑**：陈绿春
**封面设计**：潘国文
**责任校对**：徐俊伟
**责任印制**：丛怀宇

**出版发行**：清华大学出版社
**网　址**：https://www.tup.com.cn，https://www.wqxuetang.com
**地　址**：北京清华大学学研大厦A座　　**邮　编**：100084
**社 总 机**：010-83470000　　**邮　购**：010-62786544
**投稿与读者服务**：010-62776969，c-service@tup.tsinghua.edu.cn
**质量反馈**：010-62772015，zhiliang@tup.tsinghua.edu.cn
**印 装 者**：北京博海升彩色印刷有限公司
**经　销**：全国新华书店
**开　本**：188mm×260mm　　**印　张**：14　　**字　数**：486千字
**版　次**：2017年1月第1版　2021年6月第2版　　**印　次**：2025年1月第6次印刷
**定　价**：69.00元

产品编号：091557-01

# 前言

随着各大短视频平台的飞速发展，作为一名影像人，只懂摄影已经很难在激烈的竞争环境中站稳脚跟，而既懂摄影又会拍视频的人，才是当今社会更需要的。

摄影与摄像既有相似之处，又有区别。摄影更注重对瞬间的把握，而拍摄视频更注重流畅性与完整性。因为视频就是将静态图片连续播放，所以掌握了摄影，对拍摄视频大有裨益。

因此，本书在结构上先对摄影所需的器材、理论以及相机设置等进行讲解，然后对摄影与视频拍摄共通的构图、用光和色彩等进行介绍，这样既便于读者掌握拍摄精彩图片的美学基础，又可以为读者的视频拍摄打下基础。

在视频拍摄部分，重点讲解了所需的器材、相机设置以及镜头语言。由于视频拍摄相对于图片拍摄对前期的要求更高，文件容量也更大，所以对器材的要求也较高。而合理的相机设置则可以在前期拍摄时对画面具有较好的控制力，在减少后期处理工作量的同时，也可以提供更大的操作空间。至于镜头语言，则详细讲解了运镜、转场、节奏等与视频流畅性息息相关的要点。

相信大家在阅读本书后，不但可以掌握摄影与视频拍摄的基础、进阶技巧，更重要的是可以将两者融汇贯通，拍摄出更精彩的影像作品。

如果有任何技术性的问题，请扫描下面的二维码，联系相关人员进行解决。

编 者

2021年2月

目录

# 第1章 拍出好照片的基础操作

# 1.1 按快门按钮前的思考流程

在数码单反相机时代，摄影师没有了胶片成本的压力，拍摄照片数量的限制基本就是电量和存储空间了。因此，在按下快门按钮拍摄时，往往少了很多深思熟虑，而事后，却总是懊恼，“当时要是那样拍就好了”。

所以，根据笔者的经验，建议在按快门按钮前三思而后行。这不是出于拍摄成本方面的考虑，而是在拍摄前，建议初学者从相机设置、构图、用光及色彩表现等方面进行综合考量，这样不但可以提高拍摄的成功率，同时也有助于养成良好的拍摄习惯，提高自己的拍摄水平。

下图所示为俯视楼梯拍摄的图片，笔者总结了一些拍摄前应该着重考虑的事项。

快门按钮

18mm F4.5 1/60s ISO640

以俯视角度拍摄的楼梯照片，通过恰当的构图展现出其漂亮的螺旋状形态

## 1.1.1 该用什么拍摄模式

根据拍摄对象的状态，可以选择不同的拍摄模式。如果拍摄静态对象时，可以使用光圈优先模式（Av/A），以便控制画面的景深；如果拍摄动态对象，则应该使用快门优先模式（Tv/S），并根据对象的运动速度设置恰当的快门速度。而对于手动曝光模式（M），通常是在环境中的光线较为固定，且摄影师对相机操控、曝光控制非常熟练时使用。

对例图来说，适合用光圈优先模式（Av/A）进行拍摄。由于环境较暗，应注意使用较高的感光度，以保证足够的快门速度。在景深方面，由于使用了广角镜头，因此能够保证足够的景深。

模式拨盘

## 1.1.2 如何测光

在数码单反或微单相机中，一般提供了点测光、中央重点平均测光与平均测光 3 种模式，可以根据不同的测光需求进行选择。

对例图来说，要把中间的光源作为照片的焦点来吸引眼球，中间的部分应该是曝光正常的，此时可以选择用中央重点测光或点测光模式，测光点应该在画面的中间位置。

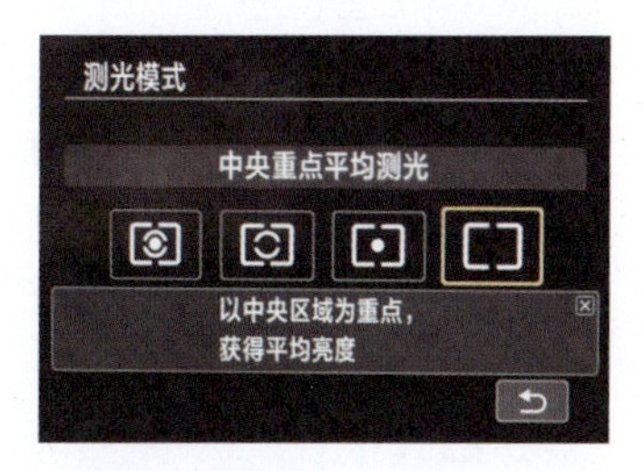

选择测光模式

恰当的测光位置

20mm F8 1/30s ISO100

拍摄这张建筑照片时，选择中央重点测光模式比较合适，可以兼顾天空与建筑的曝光

## 1.1.3 如何构图

例图中，现场有圆形楼梯，在俯视角度下，形成自然的螺旋形构图，拍摄时顺其自然，采用该构图方式即可。

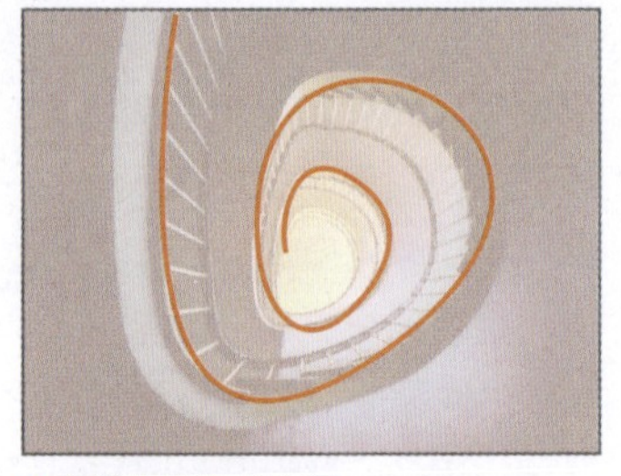
自然的螺旋形构图

## 1.1.4 如何设置光圈、快门、ISO

拍摄例图时，虽然身处的环境较暗，但要正确曝光的地方有光源，所以光线不太暗，因此，光圈不用放到最大，F4 左右即可，而要留意是否达到安全快门，必要时可以提高 ISO 值。

例图是使用 18mm 的广角焦距拍摄的，所以，即使使用 F4.5 的光圈，也能保证楼梯前后都清晰，但是现场的光线又比较暗，为了能达到 1/60s 这样一个保证画面不模糊的快门速度，而适当提高了 ISO 值，将其设定为 ISO640。

## 1.1.5 对焦点应该放在哪里

前面已经说明，在拍摄例图时使用了偏大的光圈。光圈大会令景深变浅，要想让楼梯整体清晰，可以把对焦点放在第二级的楼梯扶手上，而不是直接对焦在最低的楼梯上，这样可以确保对焦点前后的楼梯都是清晰的。

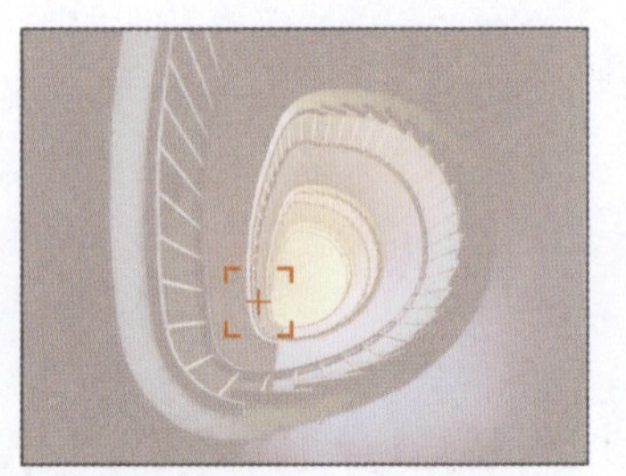
对第二级楼梯进行对焦

18mm F9 1/250s ISO200

在这张照片中，将对焦点放置在中心建筑物上，使建筑物得到清晰呈现

## 1.2 按快门的正确方法

关于快门的作用，即使没有学过摄影的人也都知道，但许多摄影初学者在使用单反相机拍摄时，并不知道快门的按法，经常是一下用力按到底，这样拍摄出来的照片基本上是不清晰的。

正确的操作方法如右图所示。

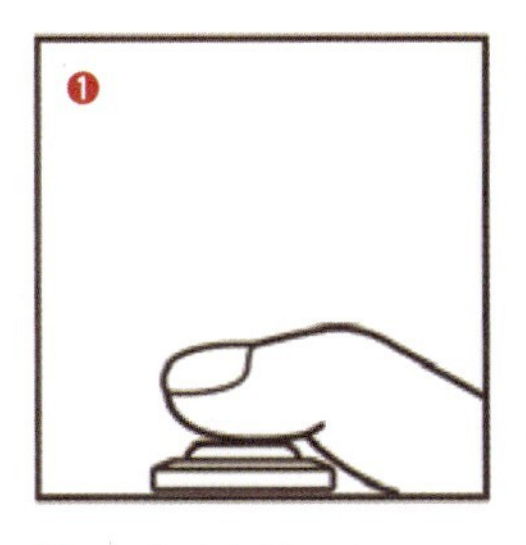

将手指放在快门上

半按下快门，此时将对画面中的景物进行自动对焦及测光

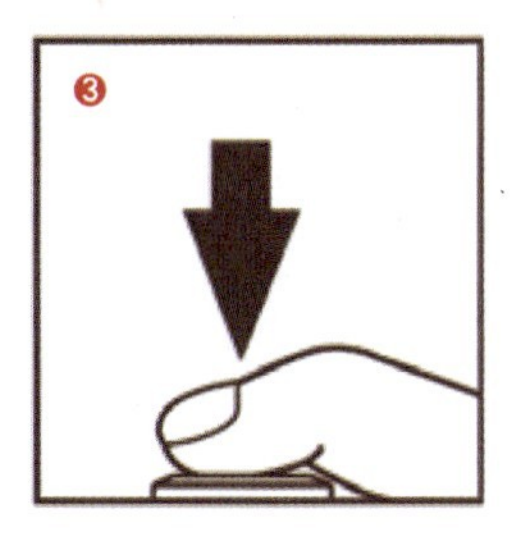

听到“嘀”的一声，即可完全按下（按到底）快门，进行拍摄

在拍摄静止的画面时，一般选择一个对焦点，对主体半按快门进行对焦，在半按快门对焦时需要注意，除食指外，其他手指不能动，用力不可过大，保持均匀呼吸。当对焦成功后，暂停呼吸，然后食指垂直地完全按下快门完成拍摄，只有这样才可以确保相机处于稳定的状态，照片才可能清晰，细节才可能锐利。

需要注意的是，在半按快门对焦后，按下快门拍摄时力度要轻，否则就有可能使相机发生振动，也会使拍出的照片模糊。

如果在成功对焦后，需要重新进行构图，应保持快门的半按状态，然后水平或垂直移动相机并透过取景器进行重新构图，满意后完全按下快门进行拍摄即可。

在重新构图时，不要前后移动相机，否则被拍摄的对象会模糊。如果一定要前后移动相机，必须重新半按快门进行再次对焦、测光，再完成拍摄。

50mm F2.8 1/200s ISO100

先对人物眼部对焦，然后轻移相机重新构图，得到这张人物在画面中偏左的照片

# 1.3 在拍摄前应该检查的相机参数

对于刚入门的摄影爱好者来说，需要养成在每次拍摄前查看相机各项参数的习惯。

佳能入门级相机（750D、800D 等）的拍摄参数主要是通过相机背面的显示屏查看的，在相机开机状态下，按下 INFO 信息按钮显示“显示拍摄功能”界面；佳能中、高端相机（80D、90D、5D Mark IV 等）可通过相机背面显示屏和顶部的显示屏（肩屏）查看参数。

在了解如何查看参数后，那么，在拍摄前到底需要关注哪些参数呢？下面逐一列举。

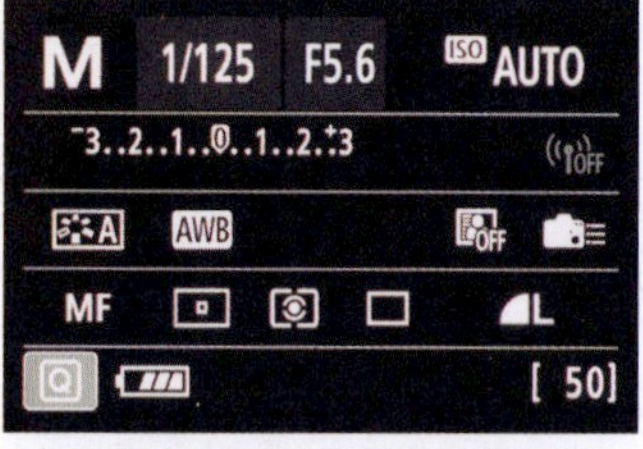


80D相机背面显示屏显示的参数

80D相机顶部显示屏（肩屏）显示的参数

## 1.3.1 文件格式和照片尺寸

拍摄时要根据自己所拍照片的用途选择相应的文件格式或照片尺寸。例如，在外出旅行拍摄时，如果是出于拍摄旅行纪念照的目的，可以将文件存储为尺寸比较小的 JPEG 格式文件，避免因存储为大尺寸的 RAW 格式文件，而造成存储卡空间不足的情况出现。

如果旅行过程中遇到难得的景观，那么就要及时地将文件格式设定为 RAW 格式，避免出现花大量心思所拍摄的照片，最后因存储成小尺寸的 JPEG 文件而无法进行深度后期处理的情况。

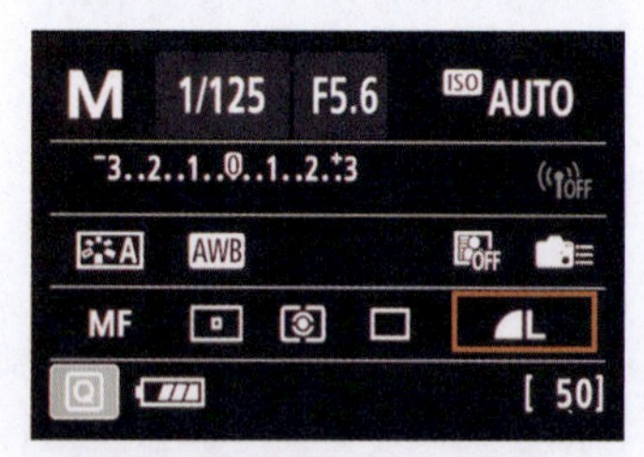


棕色框中为相机当前的文件格式和照片尺寸设置图标

## 1.3.2 曝光模式

程序自动、光圈优先、快门优先及全手动 4 种曝光模式是拍摄时常用的，在拍摄前要检查相机的曝光模式，根据所拍摄的题材、作品的风格、个人习惯而选择相应的曝光模式。

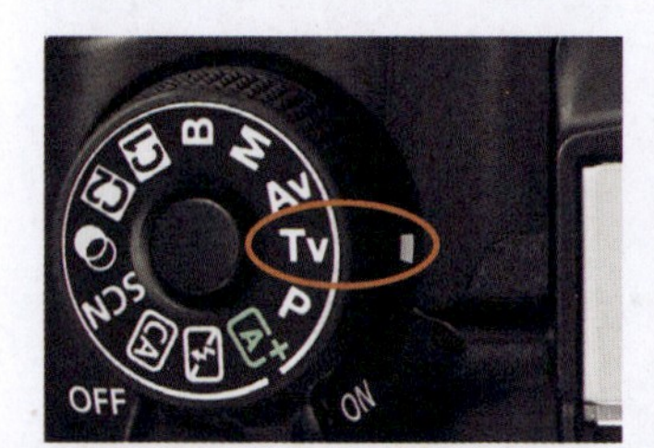


检查模式转盘选择的曝光模式

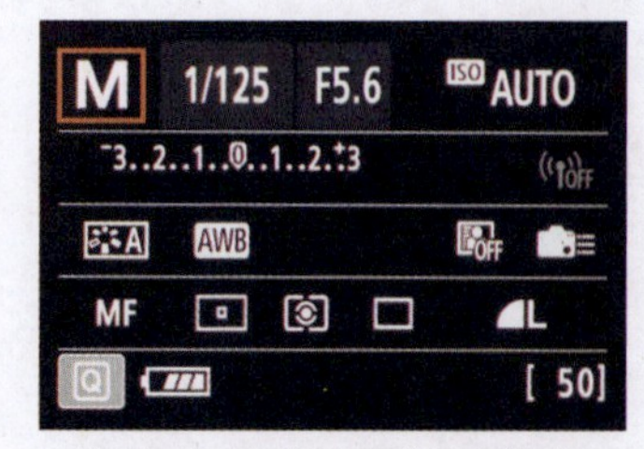


棕色框中为相机当前的曝光模式

## 1.3.3 光圈和快门速度

在拍摄每一张照片之前，都需要注意当前的光圈与快门速度组合是否符合拍摄要求。如果前一张是使用小光圈拍摄大景深的风景照片，而当前想拍摄背景虚化的小景深花卉照片，那么就需要及时改变光圈和快门速度组合。

此外，如果使用 M 全手动模式在光线不固定的环境中拍摄，则每次拍摄前都要观察相机的曝光标尺位置是否处于曝光不足或曝光过度的状态，如果是，需要调整光圈与快门速度组合，使画面曝光正常。

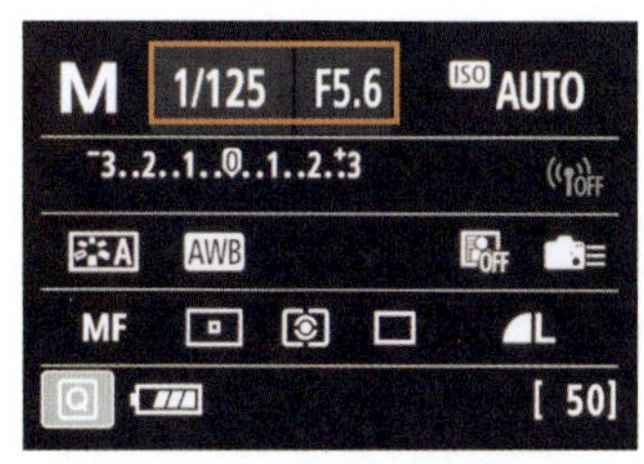

棕色框中为相机当前的光圈和快门速度

## 1.3.4 感光度

现在的数码相机的可用感光度范围越来越广，在暗处拍摄时，可以把感光度设置到 ISO3200 及以上，在亮处拍摄时也可以把感光度设置到 ISO100。

但是初学者很容易犯一个错误，那就是当从亮处转到暗处，或从暗处转到亮处拍摄时，经常忘及时调整感光度，还用之前设定的感光度拍摄，使照片出现曝光过度、曝光不足或者噪点较多等问题。

棕色框中为相机当前的感光度值

## 1.3.5 曝光补偿

曝光补偿是改变照片明暗的方法之一，但是在拍一个场景后就需要及时调整归零，否则所拍摄的所有照片会一直沿用当前的曝光补偿设置，从而导致拍摄出来的照片过亮或过暗。

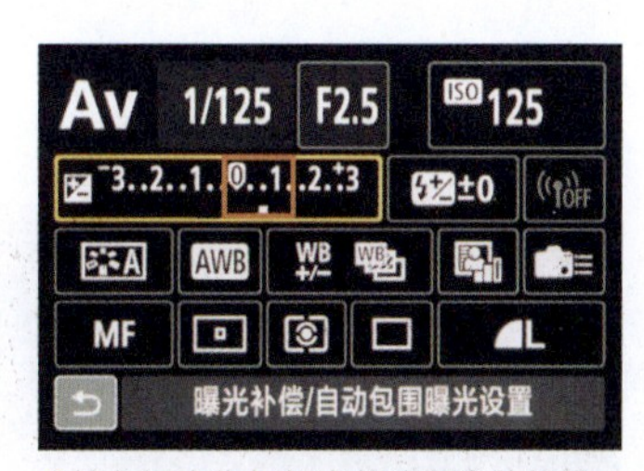

棕色框中为相机当前的曝光补偿值

28mm F13 1/640s ISO200

拍摄雪景风光时，通常需要适当增加曝光补偿，以还原雪的洁白感

## 1.3.6 白平衡模式

大多数情况下，设置为自动白平衡模式即可还原出比较正常的照片色彩，但有时为了使照片色彩偏“暖”或偏“冷”，可能会在正常拍摄环境中切换到“阴天”或“荧光灯”白平衡模式。在拍摄前就需要查看一下相机当前的白平衡模式，是否处于常用的模式或符合当前的拍摄环境。

棕色框中为相机当前的白平衡模式

## 1.3.7 对焦

以佳能相机为例，其提供了 3 种自动对焦模式，其中，中高端相机还提供多种对焦区域模式，在拍摄前都需要根据拍摄题材设置相应的模式。如拍摄花卉时，选择单次自动对焦模式及单点对焦区域模式比较合适；如抓拍儿童时，则选择人工智能自动对焦模式及自动选择对焦区域模式比较合适。

因此，如果无法准确捕捉被拍摄对象，可以首先检查对焦模式或对焦区域模式。

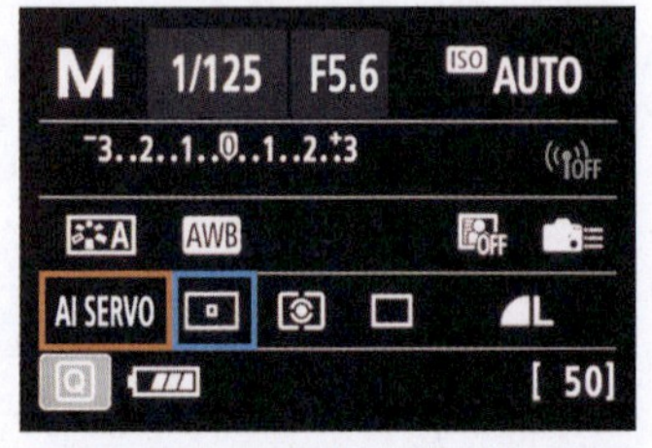


棕色框中为相机当前的自动对焦模式；蓝色框中为相机当前的自动对焦区域模式

## 1.3.8 测光模式

以佳能相机为例，其提供了评价测光、中央重点平均测光、局部测光、点测光 4 种测光模式，不同的测光模式适合不同的光线环境。因此，在拍摄时要根据当前的拍摄环境及要表现的曝光风格，及时切换相应的测光模式。

棕色框中为相机当前的测光模式

70mm F16 1/800s ISO200

使用点测光模式对天空进行测光，使天空获得准确曝光，而树木因曝光不足呈现剪影效果

# 1.4 辩证使用RAW格式保存照片

摄影初学者经常听摄影高手讲，存储照片的格式要使用 RAW 格式，这样方便后期处理。

RAW 格式照片是由 CCD 或 CMOS 图像感应器将捕捉到的光源信号转化为数字信号的原始数据。正因如此，在对 RAW 格式照片进行后期处理时，才能随意修改原本由相机内部处理器设置的参数，如白平衡、色温、照片风格等。

需要注意的是，RAW 格式只是原始照片文件的一个统称，各厂商的 RAW 格式有不同的扩展名。例如，佳能 RAW 格式文件的扩展名为 .CR2，而尼康 RAW 格式文件的扩展名则是 .NEF。

通过对比右侧表格中 JPEG 格式照片与 RAW 格式照片的区别，能够更加深入地理解 RAW 格式照片的优点。

| RAW 格式 | JPEG 格式 |
| --- | --- |
| 文件未压缩，有足够的后期调整空间 | 文件被压缩，后期调整空间有限 |
| 照片文件很大，需要存储容量大的存储卡 | 照片文件较小，相同容量的存储卡可以存储更多的照片 |
| 需要专用的软件打开（如 Digital Photo Professional 或 Camera Raw ） | 大多数看图软件均可打开 |
| 可以随意修改照片的亮度、饱和度、锐度、白平衡、曝光等参数 | 以设置好的各项参数存储照片，后期不可随意修改 |
| 后期处理后不会降低画质 | 后期调整后画质会降低 |

另外，由于 RAW 格式照片文件较大，当存储卡容量有限时，适宜将照片以 JPEG 格式保存。

200mm F5 1/640s ISO200

左侧上图是使用 RAW 格式拍摄的原图，下图是后期调整过的效果，二者的差别非常明显

# 1.5 保证足够的电量与存储空间

## 1.5.1 检查电池电量

如果要外出进行长时间拍摄，一定要在出发前检查电池电量或携带备用电池，尤其是前往寒冷地域拍摄时，电池的电量会下降很快，因此，需要特别注意这个问题。

在光学取景器和显示屏中，都有电量显示图标，电量显示图标的状态表示电池的电量。在拍摄时，应随时查看电池电量图标的显示状态，以免错失拍摄良机。

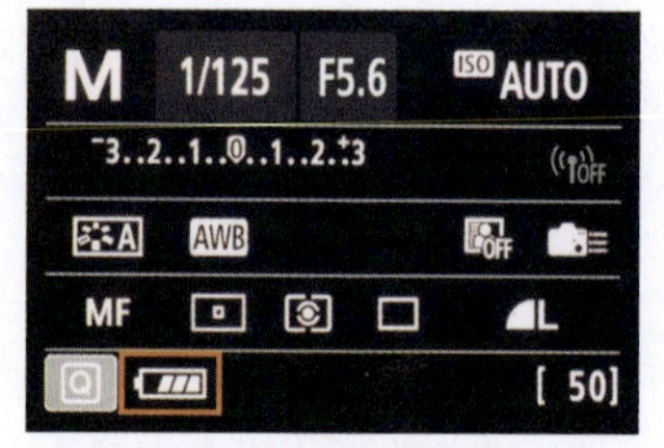

显示屏中的电池电量显示图标

| 显示 | | | | | | |
|---|---|---|---|---|---|---|
| 电量（%） | 70~100 | 50~69 | 20~49 | 10~19 | 1~9 | 0 |

## 1.5.2 检查存储卡剩余空间

检查存储卡剩余空间也是一项很重要的工作，尤其是外出拍鸟或其他动物等题材时，通常要采用连拍方式，此时存储卡空间会迅速减少。

佳能的中高端相机可以在肩屏和显示屏中查看在当前设定下可拍摄的照片数量；入门级相机则可在显示屏的“显示拍摄功能”的界面中，查看在当前设定下可拍摄的照片数量。

此外，拍摄时还可以按INFO按钮切换至“显示相机设置”界面，查看当前存储卡的可用空间。

索尼微单相机可以在电子取景器及显示屏中查看在当前设定下可拍摄的照片数量，从而知道存储卡的剩余空间。

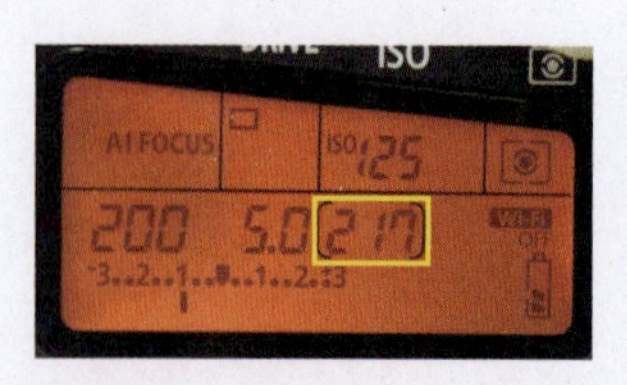

在肩屏中，黄色框中的数字表示目前可拍摄的照片数量

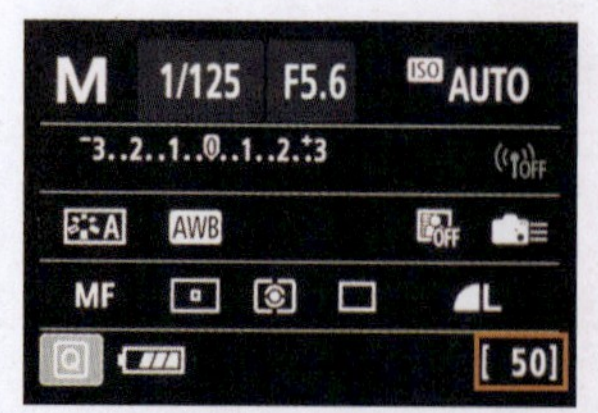

在显示拍摄功能界面时，棕色框中的数字表示目前可拍摄的照片数量

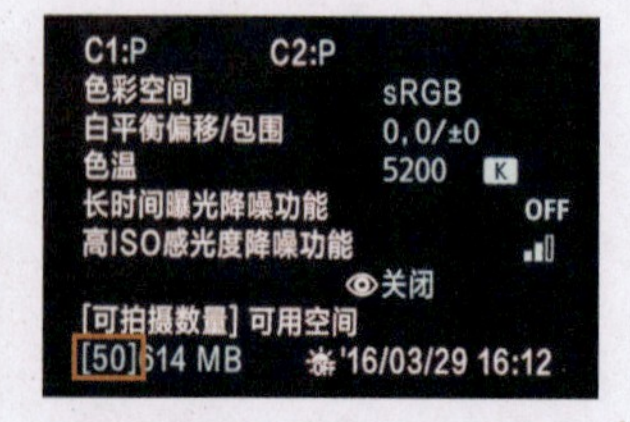

在显示屏显示相机设置界面时，按INFO按钮查看棕色框所示的数值

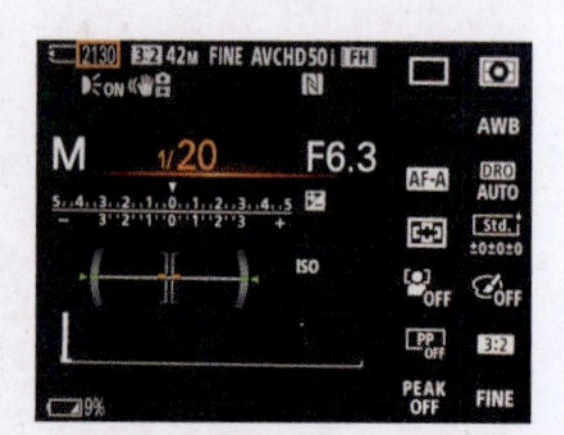

棕色框中为存储卡中静态照片的可拍摄数量

# 第2章 镜头与附件

# 2.1 读懂镜头参数

虽然，有些摄影师手中有若干支镜头，但不一定都了解镜头上数字或字母的含义。所以，当摄影界的“老法师”拿起镜头口中念叨“二代”“带防抖”“恒定光圈”时，摄影初学者只有羡慕的份儿。其实，熟记镜头名称中数字和字母代表的含义，就能很快地了解一款镜头的性能指标。

## 2.1.1 读懂佳能镜头参数

佳能镜头的参数解读如下。

EF 24-105mm F4 L IS USM

① ② ③ ④

### ❶ 镜头种类

EF：适用于EOS相机所有卡口的镜头均采用此标记。如果是EF，则不仅可用于胶片单反相机，还可用于全画幅、APS-H尺寸及APS-C尺寸的数码单反相机。

EF-S：EOS数码单反相机中使用APS-C尺寸图像感应器机型的专用镜头。S为Small Image Circle（小成像圈）的字首缩写。

MP-E：最大放大倍率在1倍以上的镜头所使用的名称。MP是Macro Photo（微距摄影）的缩写。

TS-E：可将光学结构中的一部分镜片倾角或偏移的特殊镜头的总称，也就是“移轴镜头”。

### ❷ 焦距

表示镜头焦距的数值。定焦镜头采用单一数值表示，变焦镜头分别标记焦距范围两端的数值。

### ❸ 最大光圈

表示镜头所拥有最大光圈的数值。光圈恒定的镜头采用单一数值表示，如EF 70-200mm F2.8 L IS USM；浮动光圈的镜头标出光圈的浮动范围，如EF-S 18-135mm F3.5-5.6 IS。

### ❹ 镜头特性

L：L为Luxury（奢侈）的缩写，表示此镜头属于高端镜头。此标记仅赋予通过了佳能内部特别标准的、具有优良光学性能的高端镜头。

Ⅱ、Ⅲ：镜头基本上采用相同的光学结构，仅在细节上有微小差异时，添加该标记。Ⅱ、Ⅲ表示是同一光学结构镜头的第2代和第3代。

USM：表示自动对焦机构的驱动装置采用了超声波马达（USM），其将超声波振动转换为旋转动力从而驱动对焦。

DO：表示采用DO镜片（多层衍射光学元件）的镜头。其特征是可利用衍射改变光线路径，只用一片镜片对各种像差进行有效补偿，此外还能够起到减轻镜头重量的作用。

IS：IS是Image Stabilizer（图像稳定器）的缩写，表示镜头内部搭载了光学式手抖动补偿机构。

## 2.1.2 读懂尼康镜头参数

尼康镜头的参数解读如下。

AF-S 70-200mm F2.8 G IF ED VR Ⅱ

❶ ❷ ❸ ❹

### ❶ 镜头种类

AF：此标识表示该镜头为适用于尼康相机的 AF 卡口自动对焦镜头。早期的镜头产品中还有 Ai 这样的手动对焦镜头标识，现在已经很少看到了。

### ❷ 焦距

表示镜头焦距的数值。定焦镜头采用单一数值表示，变焦镜头分别标记焦距范围两端的数值。

### ❸ 最大光圈

表示镜头最大光圈的数值。定焦镜头采用单一数值表示。变焦镜头中，光圈不随焦距变化的采用单一数值表示，随焦距变化的镜头分别表示广角端和远摄端的最大光圈。

若此处只有一个数值，则代表该镜头在任何焦距下都拥有相同的光圈，而此类镜头的售价往往都很高。

### ❹ 镜头特性

D/G：带有 D 标识的镜头可以向机身传递距离信息，早期常用于配合闪光灯来实现更准确的闪光补偿，同时还支持尼康独家的 3D 矩阵测光系统，在镜身上同时带有对焦环和光圈环。G 型镜头与 D 型镜头的区别在于，G 型镜头没有光圈环，同时，得益于镜头制造工艺的不断进步，G 型镜头拥有更高素质的镜片，因此，在成像性能上更有优势。

IF：Internal Focusing 的缩写，指内对焦技术。此技术简化了镜头结构而使镜头的体积和重量都大幅下降，甚至有的超远摄镜头也能手持拍摄，调焦也更快、更容易。

ED：Extra-low Dispersion 的缩写，指超低色散镜片。加入了这种镜片后，镜头既可以拥有锐利的色彩效果，又可以降低色差以进行色彩纠正，并使影像不会出现色散的现象。

DX：印有 DX 字样的镜头是专为尼康 APS-C 画幅数码单反相机而设计的。这种镜头在设计时就已经考虑了感光元件的画幅问题，并在成像、色散等方面进行了优化处理，可谓是量身打造的专属镜头类型。

VR：Vibration Reduction 的缩写，是尼康对于防抖技术的称谓。在开启 VR 时，通常在低于安全快门速度 3~4 挡的情况下也能拍摄出清晰的照片。

SWM（-S）：Silent Wave Motor 的缩写，代表该镜头搭载了超声波马达，其特点是对焦速度快，可全时手动对焦且对焦安静。在尼康镜头中，很少直接看到该缩写，通常表示为 AF-S，表示该镜头是带有超声波马达的镜头。

Micro：表示这是一款微距镜头。通常将最大放大倍率在 0.5~1 倍（等倍）范围内的镜头称为“微距镜头”。

ASP：指非球面镜片组件。使用这种镜片的镜头，即使在使用最大光圈时，仍能获得较佳的成像质量。

# 2.2 搞懂焦距的含义

镜头的焦距是指对无限远处的被摄体对焦时，镜头中心到成像面的距离，一般用长短来描述。

焦距变化带来的不同视觉效果主要体现在视角上。焦距较短的广角镜头，视角较大，因此，能够拍摄场景更广阔的画面。而焦距较长的长焦镜头，光的入射角度小，镜头中心到成像面的距离长，对角线视角较小，因此，适合以特写的角度拍摄远处的景物。

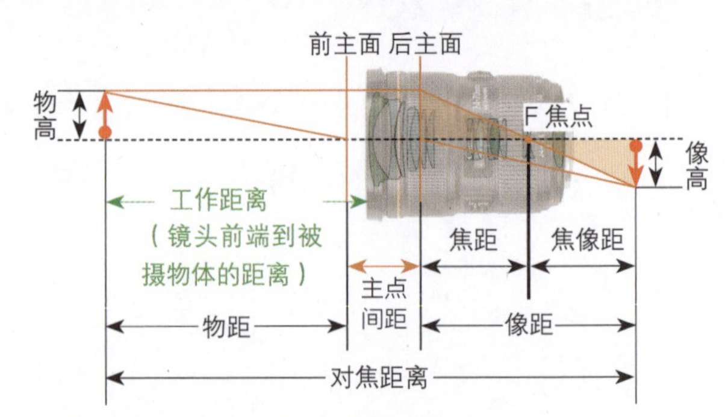

镜头焦距、物距、像距及对焦距离示意图

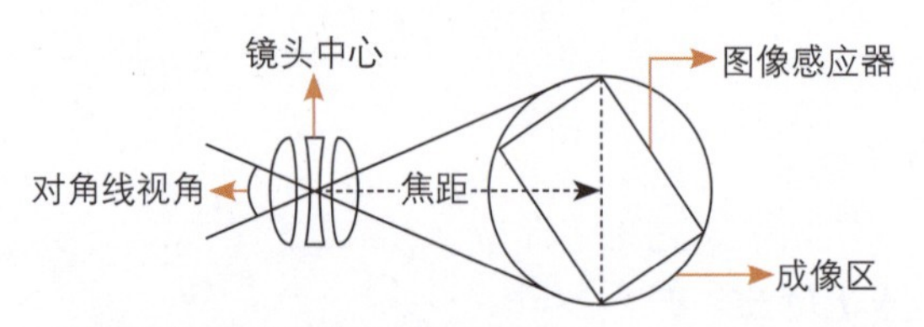

焦距较短的广角镜头成像示意图

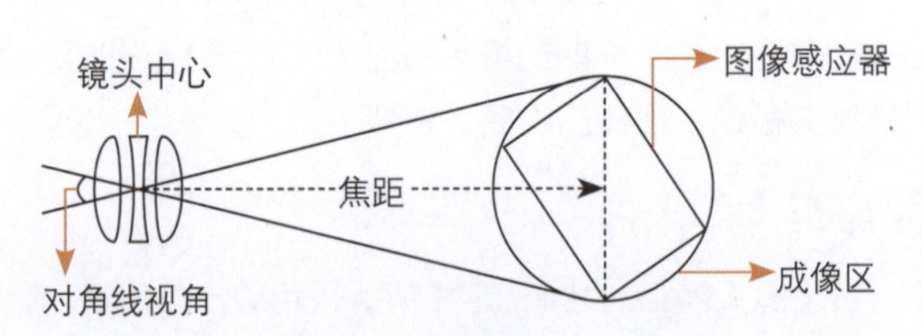

焦距较长的长焦镜头成像示意图

这组数字表明这是三款镜头的焦距为24~70mm

## 2.3 了解焦距对视角、画面效果的影响

如前所述，镜头的焦距不同，拍摄视角和拍摄范围也不同，而且不同焦距下的透视、景深等特性也有很大的区别。例如，使用广角镜头的 14mm 焦距拍摄时，其视角能够达到 114° ；而使用长焦镜头的 200mm 焦距拍摄时，其视角只有 12° 。

因此，不同焦距镜头适用的拍摄题材也有所不同，例如，焦距短、视角宽的广角镜头常用于拍摄风光照片；而焦距长、视角窄的长焦镜头则常用于拍摄体育比赛、鸟类等位于远处的对象。要记住不同焦段镜头的特点，可以从这句口诀开始：“短焦视角广，长焦压空间，望远景深浅，微距景更浅。”

不同焦距镜头对应的视角如下图所示。

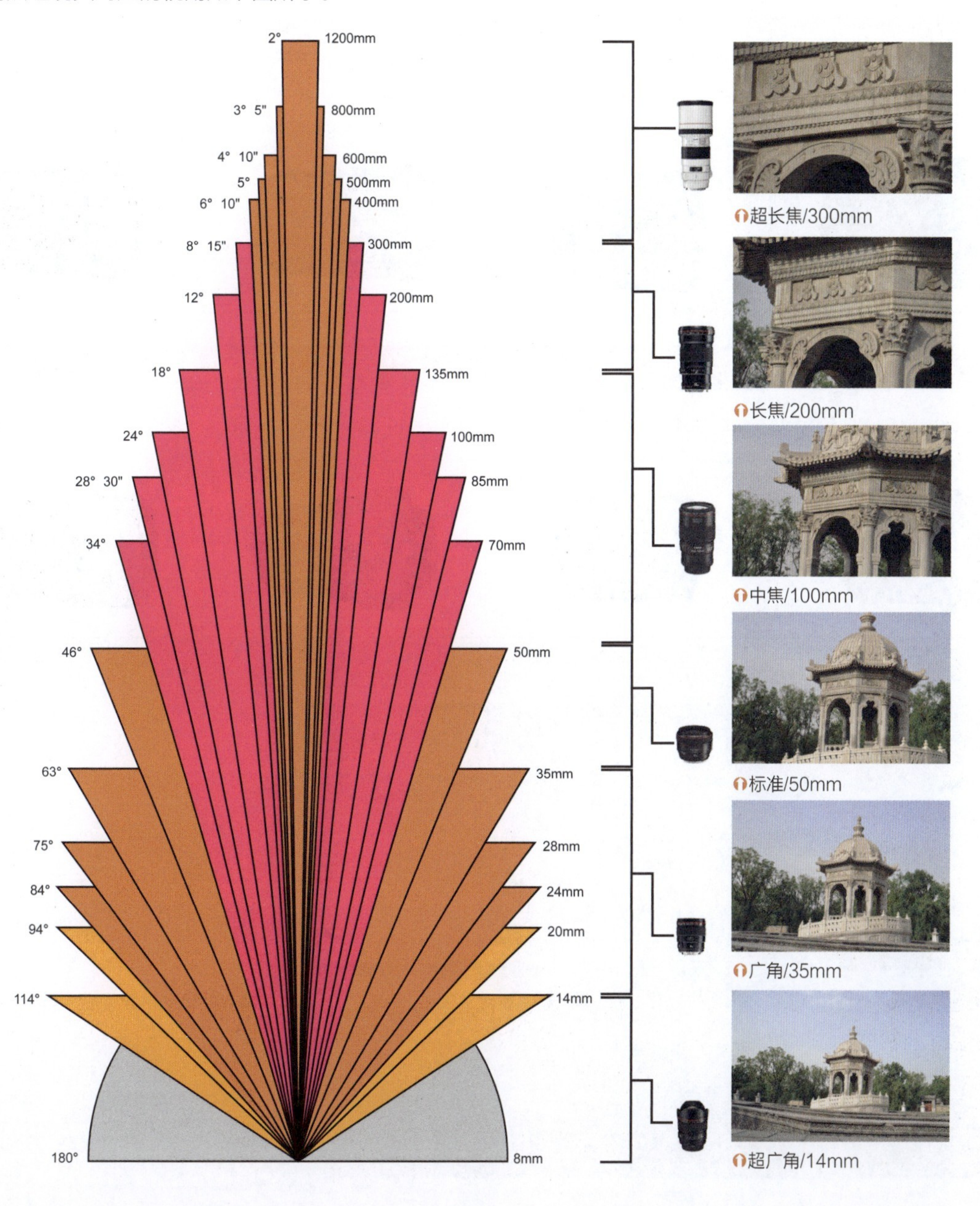


超长焦/300mm

长焦/200mm

中焦/100mm

标准/50mm

广角/35mm

超广角/14mm

# 2.4 了解不同焦段镜头的特点

## 2.4.1 广角镜头的特点

广角镜头的焦段在 10 ~ 35mm，其特点是视角广、景深大、透视效果好，不过其成像容易变形，其中焦距为 10 ~ 24mm 的镜头由于焦距更短，视角更广，被称为“超广角镜头”。在拍摄风光、建筑物等大场面的景物时，可以很好地表现景物雄伟壮观的气势。

| 佳能广角定焦镜头推荐 | | 佳能广角变焦镜头推荐 | |
|---|---|---|---|
| EF 14mm F2.8L II USM | EF 24mm F1.4L II USM | EF 16-35mm F2.8L III USM | EF 17-40mm F4 L USM |

| 尼康广角定焦镜头推荐 | | 尼康广角变焦镜头推荐 | |
|---|---|---|---|
| AF-S 20mm F1.8G ED | AF-S 28mm F1.8G | AF-S 14-24mm F2.8 G ED | AF-S 16-35mm F4G ED VR |

20mm F14 1/2s ISO200

广角镜头很适合用来拍摄视野广阔的场景，尤其是再配合构图和小光圈，拍摄的画面会很有气势

## 2.4.2 中焦镜头的特点

一般来说，35~135mm 焦段都可以称为“中焦”，其中 50mm、85mm 镜头都是常用的中焦镜头。中焦镜头的特点是镜头的畸变相对较小，能够较真实地还原拍摄对象，因此在拍摄人像、静物等题材时应用非常广泛。

| 佳能中焦定焦镜头推荐 | | 佳能中焦变焦镜头推荐 | |
|---|---|---|---|
| EF 50mm F1.2 L USM | EF 85mm F1.2L II USM | EF 24-70mm F2.8 L II USM | EF 24-105mm F4L IS USM |

| 尼康中焦定焦镜头推荐 | | 尼康中焦变焦镜头推荐 | |
|---|---|---|---|
| AF-S 50mm F1.4 G | AF-S 85mm F1.4G | AF-S 24-70mm F2.8 E ED VR | AF-S 24-120mm F4 G ED VR |

50mm F2.8 1/80s ISO200

利用中焦镜头拍摄的人像，大光圈的运用使背景形成好看的虚化效果，突出画面中的人物

## 2.4.3 长焦镜头的特点

长焦镜头也称“远摄镜头”，具有望远的功能，通常用于拍摄距离较远、体积较小的景物，如野生动物或容易被惊扰的对象。长焦镜头的焦距通常在 135mm 以上， 一般有 135mm、180mm、200mm、300mm、400mm、500mm 等几种，而焦距在 300mm 以上的镜头被称为“超长焦镜头”。长焦镜头具有视角窄、景深小、空间压缩感较强等特点。

| 佳能长焦定焦镜头推荐 | | 佳能长焦变焦镜头推荐 | |
| --- | --- | --- | --- |
| EF 200mm F2 L IS USM | EF 400mm F2.8L IS USM | EF 70-200mm F2.8L II IS USM | EF 100-400mm F4.5-5.6 L IS USM |

| 尼康长焦定焦镜头推荐 | | 尼康长焦变焦镜头推荐 | |
| --- | --- | --- | --- |
| AF-S 300mm F4E PF ED VR | AF-S 80-400mm F4.5-5.6G ED VR | AF-S 70-200mm F2.8E FL ED VR | AF-S 200-500mm F5.6E ED VR |

250mm F6.3 1/640s ISO500

摄影师通过长焦镜头对背景进行虚化处理，使鸟儿在杂乱的环境中脱颖而出

## 2.4.4 微距镜头的特点

微距镜头主要用于近距离拍摄物体，具有 1 ： 1 的放大倍率，即成像与物体实际大小相等，被广泛地用于拍摄花卉和昆虫等体积较小的拍摄对象，也经常被用于翻拍旧照片。微距镜头的成像质量通常都比较高，在摄影行业素有“微距无弱旅”的说法。

| 佳能微距镜头推荐 | | 尼康微距镜头推荐 | |
|---|---|---|---|
| EF 100mm F2.8 L IS USM | EF 180mm F3.5 L USM | AF-S VR 105mm F2.8G IF-ED | AF-S 40mm f/2.8G |

105mm F7.1 1/1000s ISO320

微距镜头能够拍摄出精细的画面，并得到很好的成像质量

# 2.5 了解定焦镜头与变焦镜头的优劣

如果用一句话来说明定焦与变焦镜头的区别，那就是，“定焦取景基本靠走，变焦取景基本靠扭。”

下面通过表格来了解二者之间的区别。

| 定焦镜头 | 变焦镜头 |
| --- | --- |
| 佳能 EF 85mm F1.2L II USM | 佳能 EF-S 15-85mm F3.5-5.6 IS USM |
| 恒定大光圈 | 浮动光圈居多，少数为恒定大光圈 |
| 最大光圈可以达到 F1.8、F1.4、F1.2 | 只有少数镜头的最大光圈能够达到 F2.8 |
| 焦距不可调节，改变景别只能移动相机 | 可以通过调节焦距改变景别 |
| 成像质量优异 | 大部分镜头成像不如定焦镜头 |
| 除了少数超大光圈镜头，其他定焦镜头的售价都低于恒定光圈的变焦镜头 | 生产成本较高，使恒定光圈的变焦镜头售价较高 |

AF-S 50mm F1.4G定焦镜头

AF-S 70-200mm F2.8G EDVR II 变焦镜头

在这组照片中，摄影师只需要站在合适的位置，即可利用变焦镜头拍摄出不同景别的人像作品

# 2.6 恒定光圈镜头与浮动光圈镜头

## 2.6.1 恒定光圈镜头

恒定光圈是指，在镜头的任何焦段下都拥有相同的光圈。对于定焦镜头而言，其焦距是固定的，光圈也是固定的，因此，恒定光圈主要是针对变焦镜头而言的。如尼康“镜皇”之一的 AF-S 24-70mm F2.8 G 就是拥有恒定 F2.8 的大光圈，可以在 24 ~ 70mm 的任意一个焦距下都拥有 F2.8 的大光圈，以保证充足的进光量，或更好的虚化效果。

恒定光圈镜头尼康AF-S 24-120mm F4 G ED VR

恒定光圈镜头佳能EF 24-70mm F2.8L USM

## 2.6.2 浮动光圈镜头

浮动光圈是指光圈会随着焦距的变化而改变，例如尼康镜头 AF-S 18-105mm F3.5-5.6 G，当焦距为 18mm 时，最大光圈为 F3.5；而当焦距为 105mm 时，其最大光圈就自动变为了 F5.6。再如佳能 EF-S 10-22mm F3.5-4.5 USM，当焦距为 10mm 时，最大光圈为 F3.5；而焦距为 22mm 时，其最大光圈就自动变为了 F4.5。

100mm F3.5 1/320s ISO100

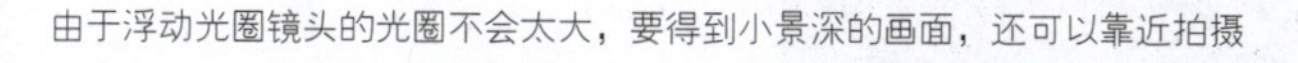

由于浮动光圈镜头的光圈不会太大，要得到小景深的画面，还可以靠近拍摄

浮动光圈镜头尼康AF-S 70-300mm F4.5-5.6 G ED VR

浮动光圈镜头佳能EF-S 10-22mm F3.5-4.5 USM

显然，恒定光圈的镜头使用起来更方便，因为可以在任何一个焦段下获得最大光圈，但其价格也往往较贵。而浮动光圈镜头的性价比较高则是其较大的优势。

# 2.7 选购镜头的基本原则

如前所述，不同焦段的镜头有着不同的功用，如 85mm 焦距镜头被奉为人像摄影的不二之选；而 35mm 焦距镜头在人文、纪实等领域有着无可替代的地位。因此，根据拍摄对象的不同，可以选择广角、中焦、长焦及微距等多种焦段的镜头。

如果要购买多支镜头以满足不同的拍摄需求，就要注意焦段的合理搭配，例如 EF 11-24mm f/4L USM、EF 24-70mm F2.8L USM 及 EF 70-200mm F2.8L Ⅱ USM 镜头（如尼康“大三元”系列的 3 支镜头，即 AF-S 14-24mm F2.8G EDN、AF-S 24-70mm F2.8G ED 以及 AF-S 70-200mm F2.8G ED VR Ⅱ），它们覆盖了从广角到长焦最常用的焦段，并且各镜头之间焦距的衔接极为紧密，即使专业摄影师，也能够满足绝大部分拍摄需求。

大家在选购镜头时，还应该特别注意各镜头之间的焦段搭配，尽量避免重合，宁可出现一定的“中空”，也不应该造成不必要的浪费。

**佳能镜头搭配推荐**

EF 11-24mm f/4L USM

EF 24-70mm F2.8L USM

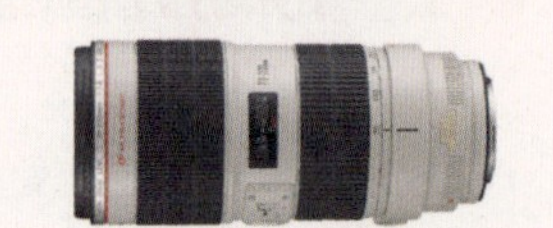
EF 70-200mm F2.8L II USM

**尼康镜头搭配推荐**

AF-S 14-24mm F2.8G ED N

AF-S 24-70mm F2.8G ED

AF-S 70-200mm F2.8G ED VR II

85mm F2.8 1/640s ISO1600

使用大变焦比镜头，既可拍摄大场景风光照片，也可拍摄小场景人像照片

# 2.8 摄影中必不可少的滤镜

## 2.8.1 UV镜和保护镜

UV 镜又称“紫外线滤光镜”，主要用于保护镜头。因为镜头的价格较贵，如果前组镜片镀膜损坏，就会降低镜头的使用价值。

需要注意的是，UV 镜会对进入镜头的光线产生影响，进而影响成像质量。不同质量的 UV 镜会产生不同程度的影响：质量偏低的 UV 镜会阻挡一部分可见光，并且会产生多余的内反射，降低镜头的抗光晕能力；而高品质的 UV 镜对于画面成像质量的影响几乎可以忽略。

如前所述，在数码摄影时代，UV 镜的作用主要是保护镜头，开发这种 UV 镜的目的是兼顾数码相机与胶片相机。但考虑到胶片相机逐步退出了主流民用摄影市场，各大滤镜厂商在开发 UV 镜时已经不再考虑胶片相机。因此，由这种 UV 镜演变出了一种专门用于保持镜头的滤镜——保护镜，这种滤镜的功能只有一个，就是保护价格昂贵的镜头。与 UV 镜一样，口径越大、通光性越好的保护镜价格越高。

35mm F18 1/50s ISO100

在镜头前安装 UV 镜通常不会影响画面质量

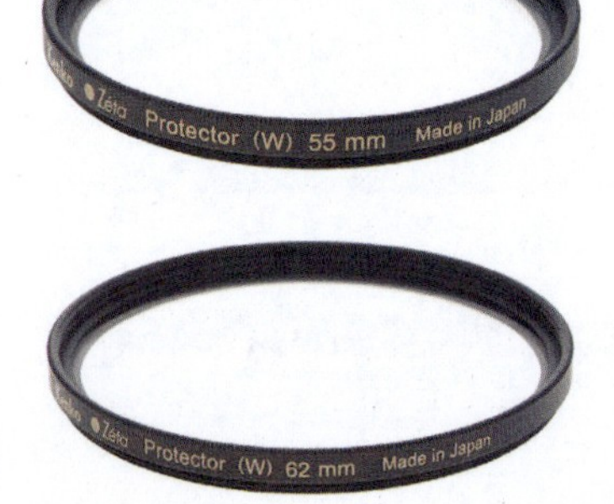


不同口径的保护镜

## 2.8.2 偏振镜

如果希望拍摄到画面具有浓郁的色彩、清澈见底的水面、透过玻璃拍好另一侧的物品等，一个好的偏振镜是必不可少的。

肯高67mmC-PL（W）偏振镜

偏振镜也称“偏光镜”或“PL 镜”，主要用于消除或减少物体表面的反光，可分为线偏和圆偏两种。数码相机应选择有 CPL 标志的圆偏振镜，因为在数码单反相机上使用线偏振镜容易影响测光和对焦。

在使用偏振镜时，可以旋转其调节环以选择不同的强度，在取景器中可以看到一些色彩上的变化。同时需要注意的是，使用偏振镜后会阻碍光线的进入，相当于大约 2 挡光圈的进光量，故在使用偏振镜时，需要降低为原来 1/4 的快门速度，这样才能拍出与未使用时相同曝光量的照片。

有很多镜头在对焦的时候，会带动镜头前面滤镜一齐旋转，因此建议在对焦锁定后，再旋转偏振镜，调整至满意的效果。

**提示**

一些摄影师习惯横向持相机取景，有时可能在调整偏振镜后，改为纵向持机拍摄，此时需要注意的是偏振镜的角度也会随着相机方向的变化，而改变了90°，刚好是最没有效果的位置，此时就应该再次调整偏振镜的方向。

### 使用偏振镜压暗蓝天

晴朗蓝天中的散射光是偏振光，利用偏振镜可以减少偏振光，使蓝天变得更蓝、更暗。加装偏振镜后所拍摄的蓝天，比使用蓝色渐变镜拍摄的蓝天要更加真实，因为使用偏振镜拍摄，既压暗了天空，又不会影像其他景物的色彩还原。

18mm F8 1/1000s ISO200

利用偏振镜消除天空中的偏振光，得到的画面中蓝天更湛蓝

## 使用偏振镜抑制非金属表面反光

使用偏振镜进行拍摄的另一个好处就是，可以抑制被摄体表面的反光。在拍摄水面、玻璃表面时，经常会遇到反光，使用偏振镜则可以削弱水面、玻璃及其他非金属物体表面的反光。

90mm F10 1/500s ISO100

拍摄池塘中的鱼时，为避免偏振光破坏画面效果，可在镜头前安装偏振镜来消除水面的偏振光，以得到清晰的画面效果

## 使用偏振镜提高色彩饱和度

如果拍摄环境的光线比较杂乱，会对景物的颜色还原有很大的影响。环境光和天空光在物体上形成反光，会使景物颜色看起来并不鲜艳。使用偏振镜进行拍摄，可以消除杂光中的偏振光，减少杂光对物体颜色还原的影响，从而提高物体的色彩饱和度，使景物颜色更鲜艳。

50mm F1.8 1/500s ISO100

在拍摄花卉时，使用偏振镜消除花瓣上的反光，使花卉的颜色更加纯净，饱和度也得到了提高

## 2.8.3 中灰镜

中灰镜的作用是减少进光量。例如，在光线充足的情况下拍摄流水，如果想要获得水流线条般的雾状效果，就必须长时间曝光进行拍摄。此时，中灰镜可以有效地减少镜头的进光量，以得到更慢的快门速度，达到长时间曝光的目的。中灰镜也分不同的级数，常见的有 ND 2、ND 4 和 ND 8 三种。简单来说，它们分别代表了可以降低 1 挡、2 挡和 3 挡的快门速度。假设光圈为 F16，对正常光线下的瀑布测光（光圈优先模式）后，得到的快门速度为 1/16s，此时如果需要以 1/4s 的快门速度进行拍摄，就可以安装 ND4 型号的中灰镜来拍摄。

肯高ND4中灰镜

### 使用中灰镜在强光下降低快门速度

在强光下进行拍摄时，如果使用最小光圈、最短曝光时间和最低感光度组合还不能得到正确的曝光，可以考虑使用中灰镜来减少进光量，以获得曝光准确的画面。

18mm F22 1s ISO100

在使用低速快门拍摄水流时，即使设置为小光圈和低感光度，也有可能曝光过度，此时即可使用中灰镜来减少进光量，从而进行较长时间的曝光

## 2.8.4 中灰渐变镜

在拍摄日出或日落的风光照片时，会发现想同时保留天空与地面的细节，是一件非常困难的事情，最后拍摄出来的画面或者天空曝光正常而地面景物呈剪影效果，或者地面曝光正常而天空曝光过度，总是不如眼睛所看到的理想，而中灰渐变镜便是专门解决这一难题的。

安装了方形中灰渐变镜的相机

渐变镜是一种一半透光、一半阻光的滤镜，分为圆形和方形两种。其中，圆形渐变镜是安装在镜头上的，使用起来比较方便，但由于渐变是不可调节的，因此，只能拍摄天空约占画面 50% 的照片。而使用方形渐变镜时，还需要一个支架，将其装在镜头前面才能把滤镜装上，其优点就是可以根据构图的需要调整渐变的位置。在色彩上也有很多选择，如蓝色、茶色等。在所有的渐变镜中，最常用的应该是中灰渐变镜，它是一种中性灰色的渐变镜。

拍摄时只要通过调整中灰渐变镜的位置，将深色端覆盖在天空上，即可保证被无色端覆盖的地面图像曝光正常。

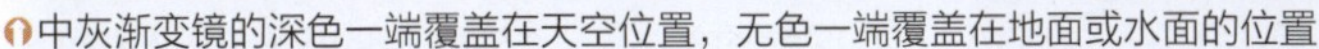

中灰渐变镜的深色一端覆盖在天空位置，无色一端覆盖在地面或水面的位置

使用渐变镜后，天空与水面、礁石曝光正常

## 在阴天使用中灰渐变镜改善天空影调

中灰渐变镜几乎是在阴天拍摄时唯一能够有效改善天空影调的滤镜。在阴天条件下，虽然乌云密布显得很有层次，但是天空的亮度远远高于地面，所以在拍摄的画面中，天空会显得没有层次感。使用中灰渐变镜后，将天空压暗，云的层次就会得到很好的表现。

10mm F10 1/40s ISO200

利用方形中灰渐变镜减少天空区域的曝光，可以拍摄到天空区域曝光正常的画面

## 使用中灰渐变镜降低明暗反差

在拍摄日出或日落等场景时，天空与地面的亮度反差会非常大，由于数码单反相机的感光元件对明暗反差的兼容性有限，因此无法兼顾天空与地面的细节。

换句话说，如果要表现天空的细节，对天空中较亮的区域测光并进行拍摄，则地面就会因欠曝而失去细节；如果要表现地面的细节，根据地面景物的亮度进行测光并进行拍摄，则天空就会成为一片空白而失去所有细节。要解决这个问题，最好的选择就是用中灰渐变镜来平衡天空与地面的亮度。

拍摄时将中灰渐变镜上较暗的一侧安排在画面中天空的部分，由于深色端有较强的阻光效果，因此可以减少进入相机的光线，从而保证在相同的曝光时间内，画面上较亮的区域进光量少，与较暗的区域在总体曝光量上趋于相同，使天空上云彩的层次更丰富。

20mm F10 1/100s ISO200

在天空与地面明暗差异较大的情况下拍摄时，为了减少天空部位的进光量，使用了中灰渐变镜，得到天空与地面曝光都正常的画面

# 2.9 柔光罩

柔光罩是专用于闪光灯上的一种硬件设备。由于直接使用闪光灯拍摄会产生比较生硬的光照，而使用柔光罩后，可以让光线变得柔和。当然，光照的强度也会随之变弱，可以使用这种方法为拍摄对象补充自然、柔和的光照效果。

外置闪光灯的柔光罩类型比较多，其中比较常见的是“肥皂盒”、扇形柔光罩等，配合外置闪光灯强大的功能，可以更好地进行照明或补光处理。

50mm F4 1/250s ISO100

将闪光灯及柔光罩搭配使用，为人物进行补光，得到非常柔和、自然的光照效果

扇形柔光罩

“肥皂盒”

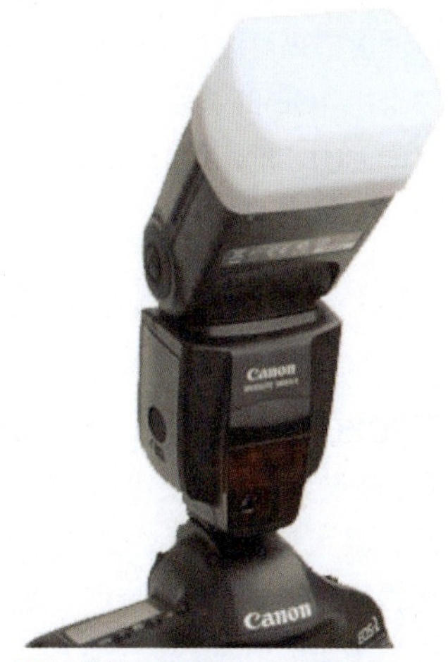


为外置闪光灯装上“肥皂盒”

# 2.10 存储卡与读卡器

存储卡的评价参数主要是容量、存储速度和安全性能。一般容量越大，存储速度越快，安全性越好，价格也就越高。

读卡器的作用是把存储卡上的照片导入计算机中。虽然数码相机都配有 USB 数据线，可直接通过数据线导入计算机，但这样导入极不方便，有时还会损坏相机的 USB 接口，所以建议最好购买一个读卡器。

## 2.10.1 SD存储卡

容量与存储速度是评判 SD 存储卡的两个重要指标。判断 SD 卡的容量很简单，只需要看一下存储卡上标注的数值即可；而要了解存储卡的存储速度，则要知道评定 SD 卡存储速度的 3 种方法。

第一种是 Class 评级。例如，大部分的 SD 卡可以分为 Class2、Class4、Class6 和 Class10 等级别，Class2 表示传输速度为 2MB/s，而 Class10 则表示传输速度为 10MB/s。

第二种是 UHS（超高速）评级。分为 UHS-I、UHS-II 两个级别。

第三种是 x 评级。每个 x 相当于 150KB/s 的传输速度，所以一个 133x 的 SD 卡的传输速度可以达到 19950KB/s。

## 2.10.2 SDHC型SD卡

SDHC 是 Secure Digital High Capacity 的缩写，即高容量 SD 卡。SDHC 型存储卡最大的特点就是容量大（2 ~ 32GB）。另外，SDHC 采用的是 FAT32 文件系统，其传输速度分为 Class2（2MB/s）、Class4（4MB/s）、Class6（6MB/s）等级别。

## 2.10.3 存储卡上的I与U1标识是什么意思

存储卡上的 I 标志表示存储卡支持超高速（Ultra High Speed，即 UHS）接口，写入速度最高可达到 50MB/s，读取速度最高可达到 104MB/s。因此，如果计算机的 USB 接口为 USB 3.0，在不考虑本地硬盘写入速度的情况下，存储卡中 1GB 的照片只需要 10s 左右就可以传输到计算机中。如果存储卡还能够满足实时存储高清视频的标准，即可标记为U1，即满足 UHS Speed Class 1 标准。

## 2.10.4 SDXC型SD卡

SDXC 是 SD Extended Capacity 的缩写，即超大容量 SD 存储卡。理论容量可达 2TB。此外，其数据传输速度也很快，最大理论传输速度可达到 300MB/s。但目前许多数码相机及读卡器并不支持此类型的存储卡，因此在购买前要确定当前所使用的相机与读卡器是否支持此类型的存储卡。

具有不同标志的SDXC及SDHC存储卡

# 2.11 脚架

在拍摄微距、长时间曝光题材或使用长焦镜头拍摄动物时，脚架是必备的摄影配件之一。利用脚架可以使相机变得更稳定，即使在长时间曝光的情况下，也能够拍摄到清晰的照片。

市场上的脚架类型非常多，按材质可以分为高强塑料、合金、钢铁、碳素纤维等，其中以铝合金及碳素纤维材质的脚架最常见。

| 对比项目 | | 说明 |
| --- | --- | --- |
| 铝合金 | 碳素纤维 | 铝合金脚架的价格较便宜，但较重，不便于携带；碳素纤维脚架的档次比铝合金脚架高，便携性、抗震性、稳定性都很好，在经济条件允许的情况下，是非常理想的选择，其缺点是价格较高 |
| 三脚架 | 独脚架 | 三脚架用于稳定相机，甚至在配合快门线、遥控器的情况下，可实现完全脱机拍摄；而独脚架的稳定性能要弱于三脚架，主要起支撑作用，在使用时需要摄影师控制独脚架的稳定性，由于其体积和重量都只有三脚架的 1/3，无论是旅行还是日常拍摄时携带都十分方便 |
| 三节 | 四节 | 通常情况下，四节脚架要比三节脚架高一些，但由于第 4 节往往是最细的，因此在稳定性上略差一些。追求稳定性和操作简便的摄影师可选三节脚管的三脚架，而更在意携带方便性的摄影师应该选择四节脚管的三脚架 |
| 三维云台 | 球形云台 | 云台包括三维云台和球形云台两种。三维云台的承重能力强，构图十分精准，缺点是占用的空间较大，在携带时稍显不便；球形云台体积较小，只要扭动旋钮，就可以让相机迅速转移到所需要的角度，操作起来十分便利 |

# 2.12 快门线和遥控器

在进行长时间曝光时，为了避免手指直接接触相机而产生振动，要经常用到快门线。

在使用快门线进行长时间曝光拍摄时，建议最好使用反光板预升功能。因为当按动快门时，反光板抬起的瞬间也会产生振动，这样可以将振动的影响降到最低，得到接近完美的画质。遥控器的作用与快门线相同，使用方法类似常见的电视机或空调遥控器，只需按下遥控器上的按钮，相机就会自动拍摄。

24mm F18 25s ISO800

使用快门线拍摄夜景，可以避免手触相机产生的振动，从而获得更好的画面质量

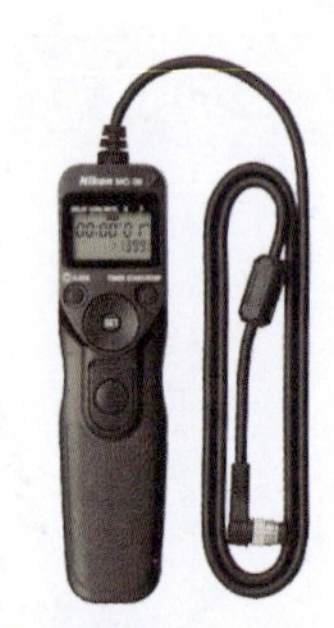

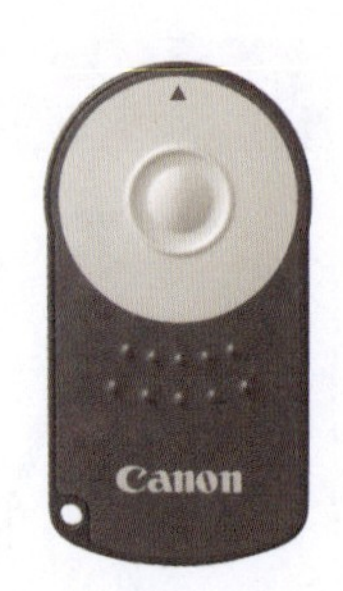


佳能遥控器

尼康MC-30快门线

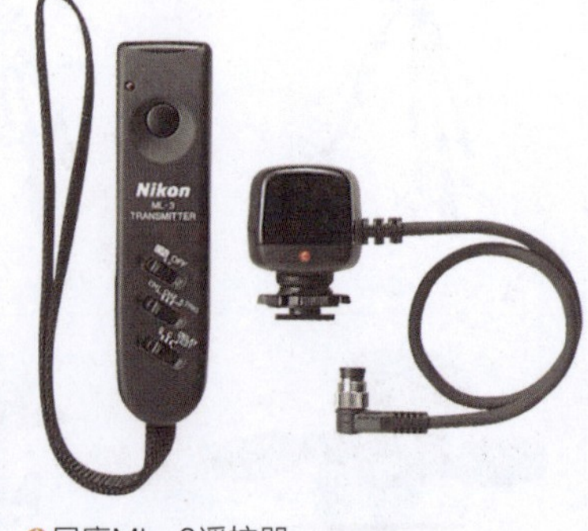


尼康ML-3遥控器

# 第3章 摄影从正确的曝光开始

# 3.1 曝光三要素之一：光圈

## 3.1.1 认识光圈及表现形式

光圈是相机镜头内部的一个组件，它由许多片金属薄片组成，金属薄片可以活动，通过改变它的开启程度可控制进入镜头光线的多少。光圈开启越大，通光量越多；光圈开启越小，通光量越少。

为了便于理解，可以将光线类比为水流，将光圈类比为水龙头。在同一时间段内，如果要水流更大，水龙头就要开得更大，换言之，如果要更多的光线通过镜头，就需要使用较大的光圈，反之，如果不要更多的光线通过镜头，就需要使用较小的光圈。

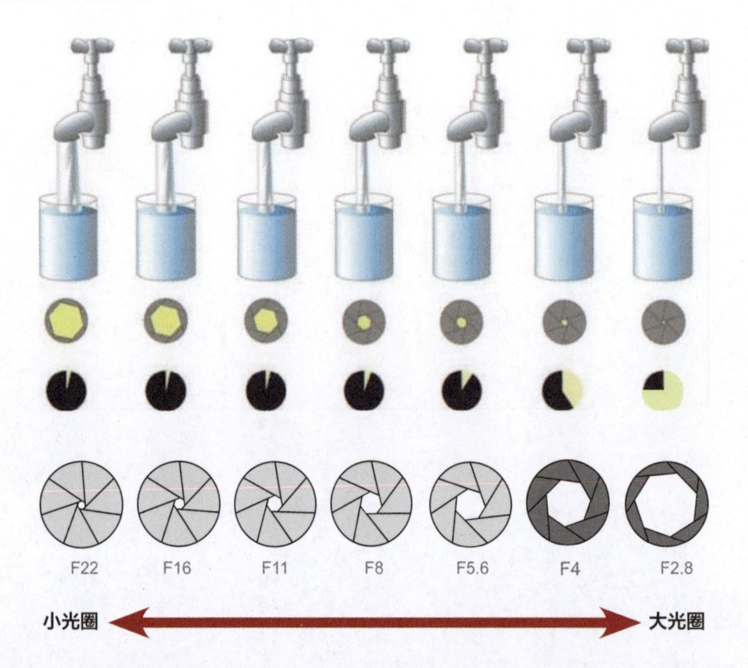


| 光圈表示方法 | 用字母 F 或 f/ 表示，如 F8 或 f/8 |
| --- | --- |
| 常见的光圈值 | F1.4、F2、F2.8、F4、F5.6、F8、F11、F16、F22、F32、F36 |
| 变化规律 | 光圈每递进一挡，光圈口径就缩小一挡，通光量也逐挡减半。例如，F5.6 光圈的进光量是 F8 的两倍 |

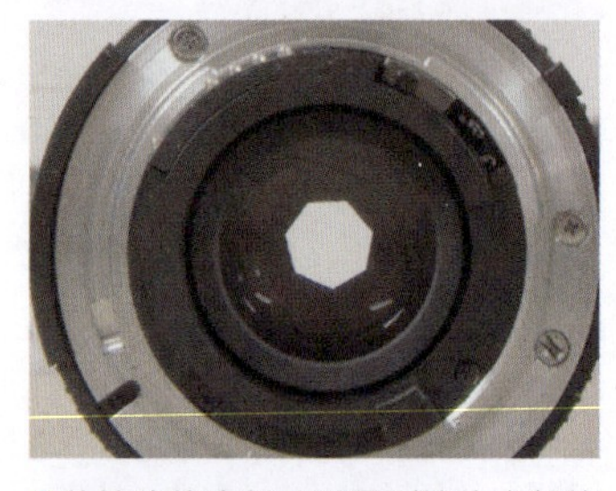

从镜头的底部可以看到镜头内部的光圈金属薄片

佳能相机设置方法：在使用Av挡光圈优先曝光模式拍摄时，可通过转动主拨盘调整光圈；在使用M挡全手动曝光模式拍摄时，则通过转动速控转盘调整光圈

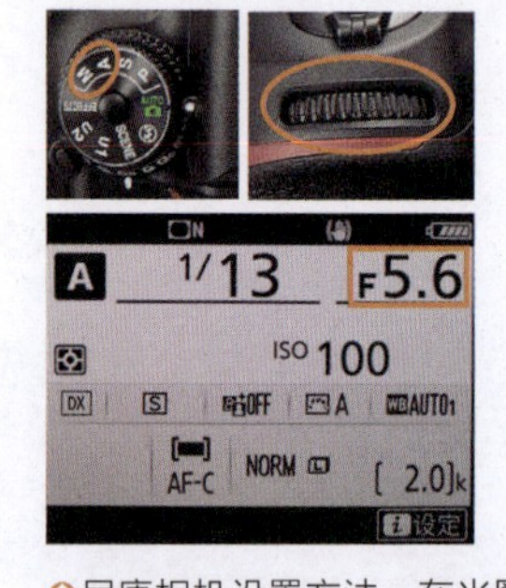


尼康相机设置方法：在光圈优先模式或全手动模式下，转动副指令拨盘可选择不同的光圈值

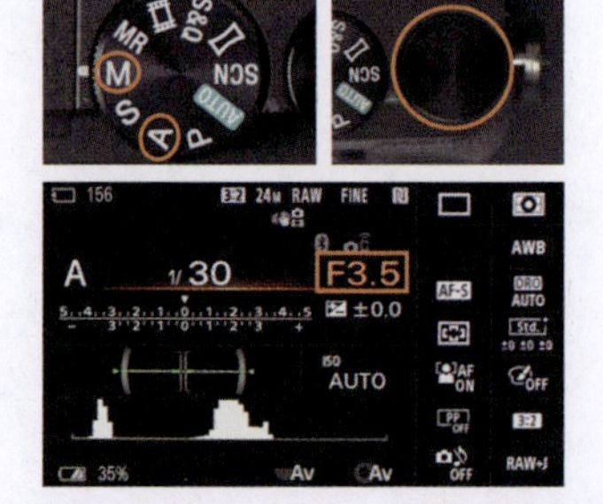


索尼相机设置方法：旋转模式旋钮至光圈优先模式或手动模式。在光圈优先模式下，可以转动控制转盘或控制拨轮选择不同的光圈值；而在手动模式下，可以转动控制转盘调整光圈值

## 3.1.2 光圈数值与光圈大小的对应关系

光圈越大，光圈数值越小（如 F1.2、F1.4）；反之，光圈越小，光圈数值越大（如 F18、F32）。初学者往往记不住这个对应关系，其实只要记住光圈值实际上是一个倒数即可，例如，F1.2 的光圈值代表此时光圈的孔径是 1/1.2，同理 F18 的光圈值代表此时光圈的孔径是 1/18，很明显 1/1.2>1/18，因此，F1.2 是大光圈，而 F18 是小光圈。

## 3.1.3 光圈对曝光的影响

在日常拍摄时，一般最先调整的曝光参数是光圈值，在其他参数不变的情况下，光圈增大一挡，则曝光量提高一倍。例如，光圈从 F4 增大至 F2.8，即可增加一倍曝光量；反之，光圈减小一挡，则曝光量也随之降低一半。换句话说，光圈开启越大，通光量就越多，所拍摄出来的照片也越明亮；光圈开启越小，通光量就越少，所拍摄出来的照片也越暗淡。

50mm F2.8 1/80s ISO1600

50mm F3.5 1/80s ISO1600

50mm F4.5 1/80s ISO1600

50mm F5 1/80s ISO1600

从上面这组照片可以看出，当光圈从 F2.8 逐级缩小至 F5 时，由于通光量逐渐减少，拍摄出来的照片也逐渐变暗。

# 3.2 曝光三要素之二：快门速度

## 3.2.1 快门与快门速度的含义

欣赏摄影师的作品，可以看到飞翔的鸟儿、跳跃在空中的人物、车流的轨迹、丝一般的流水等，这些具有动感的场景都是优先控制快门速度的结果。

什么是快门速度呢？简单来说，快门的作用就是控制曝光时间的长短。在按动快门按钮时，从快门前帘开始移动到后帘结束所用的时间就是快门速度，这段时间实际上也就是电子感光元件的曝光时间。所以，快门速度决定了曝光时间的长短，快门速度越快，则曝光时间越短，曝光量越少；快门速度越慢，则曝光时间越长，曝光量越多。

快门结构

400mm F6.3 1/500s ISO400

利用高速快门将起飞的鸟儿定格，拍摄出很有动感效果的画面

佳能相机设置方法：在使用M挡或Tv挡拍摄时，直接向左或向右转动主拨盘，即可调整快门速度的数值

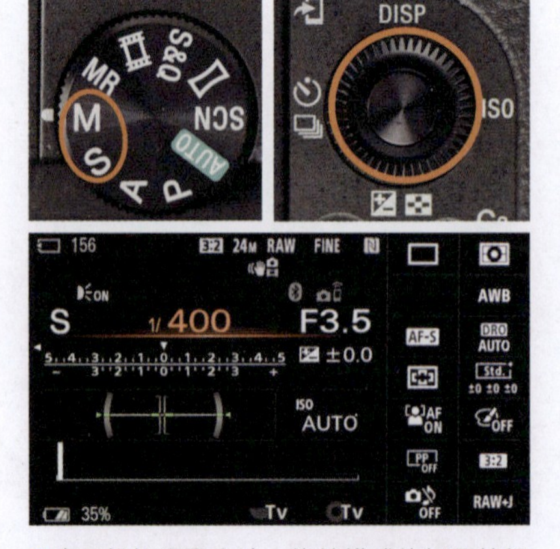


索尼相机设置方法：旋转模式旋钮至快门优先或手动模式，转动控制拨轮可以选择不同的快门速度值

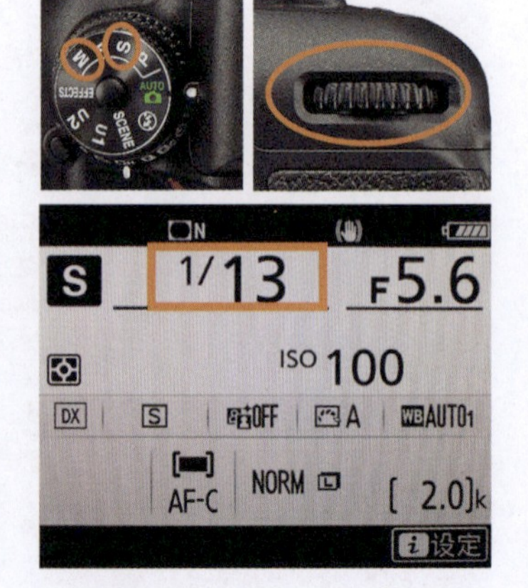


尼康相机设置方法：在快门优先和全手动模式下，转动主指令拨盘即可选择不同的快门速度值

## 3.2.2 快门速度的表示方法

快门速度以“s”为单位，入门级数码单反相机的快门速度范围通常为1/4000~30s，而中高端数码单反相机，如90D、5D系列的最高快门速度可达1/8000s，已经可以满足几乎所有题材的拍摄要求。

| 分类 | 常用快门速度 | 适用范围 |
| --- | --- | --- |
| 低速快门 | 30s、15s、8s、4s、2s、1s | 在拍摄夕阳、日落后及天空仅有少量微光的日出前后时，都可以使用光圈优先曝光模式或手动曝光模式进行拍摄，很多优秀的夕阳作品都诞生于这个快门速度区间。使用1~5s的快门速度，也能够将瀑布或溪流拍摄出如棉絮一般的梦幻效果；使用10~30s的快门速度可以用于拍摄光绘、车流、银河等题材 |
| | 1s、1/2s | 适合在昏暗时，使用较小的光圈获得足够的景深，通常用于拍摄稳定的对象，如建筑物、城市夜景等 |
| | 1/4s、1/8s、1/15s | 1/4s的快门速度可以作为拍摄夜景人像时的最低快门速度。该快门速度区间也适合拍摄一些光线较强的夜景，如明亮的街景和光线较好的室内 |
| 中速快门 | 1/30s | 在使用标准镜头或广角镜头拍摄时，该快门速度可以视为最慢的快门速度，但在使用标准镜头时，对手持相机的平稳性有较高的要求 |
| | 1/60s | 对于标准镜头而言，该快门速度可以完成各种场合的拍摄 |
| | 1/125s | 这一快门速度非常适合在户外阳光明媚时使用，同时也能够拍摄运动幅度较小的物体，如走动的人 |
| | 1/250s | 适合拍摄中等运动速度的拍摄对象，如游泳运动员、跑步中的人或棒球运动等 |
| 高速快门 | 1/500s | 该快门速度可以抓拍一些运动速度较快的对象，如行驶的汽车、跑动中的运动员、奔跑中的马等 |
| | 1/1000s、1/2000s、1/4000s、1/8000s | 该快门速度区间可以用于拍摄一些极速运动的对象，如赛车、飞机、足球运动员、飞鸟及飞溅的水花等 |

8mm F14 10s ISO200

使用低速快门拍摄的烟花照片

## 3.2.3 快门速度对曝光的影响

如前面所述，快门速度决定了曝光量的多少。具体而言，在其他条件不变的情况下，每一挡的快门速度变化，都会导致一倍曝光量的变化。例如，当快门速度由 **1/125s** 变为 **1/60s** 时，由于快门速度慢了一半左右，曝光时间增加了一倍，因此，总的曝光量也随之增加一倍。

50mm F4.5 1/60s ISO640

50mm F4.5 1/40s ISO640

50mm F4.5 1/30s ISO640

50mm F4.5 1/25s ISO640

50mm F4.5 1/20s ISO640

50mm F4.5 1/13s ISO640

通过上面这组照片可以看出，在其他曝光参数不变的情况下，当快门速度逐渐变慢时，由于曝光时间变长，因此，拍摄出来的照片也会逐渐变亮。

## 3.2.4 快门速度对画面动感的影响

快门速度不仅影响进光量，还会影响画面的动感效果。表现静止的景物时，快门速度对画面不会有什么影响，除非摄影师在拍摄时有意摆动镜头，但在表现动态的景物时，不同的快门速度就能营造出不一样的画面效果。

下面一组示例照片是在焦距、感光度都不变的情况下，分别将快门速度依次调慢所拍摄的。

对比下面这组照片可以看到，当快门速度较快时，水流被定格为清晰的水珠，但当快门速度逐渐降低时，水流在画面中渐渐变为拉长的运动线条。

70mm F3.2 1/64s ISO50

70mm F5 1/20s ISO50

70mm F8 1/8s ISO50

70mm F18 1/2s ISO50

| 拍摄效果 | 快门速度设置 | 说明 | 适用拍摄场景 |
| --- | --- | --- | --- |
| 凝固运动对象的精彩瞬间 | 使用高速快门 | 拍摄对象的运动速度越高，采用的快门速度应越快 | 运动中的人物、奔跑的动物、飞鸟、瀑布等 |
| 运动对象的动态模糊效果 | 使用低速快门 | 使用的快门速度越低，所形成的动感线条越柔和 | 流水、夜间的车灯轨迹、风中摇摆的植物、走动的人群等 |

# 3.3 曝光三要素之三：感光度

## 3.3.1 理解感光度

作为曝光三要素之一的感光度，在调整曝光的操作中，通常是最后一项。感光度是指相机的感光元件（即图像传感器）对光线的感光敏锐程度，即在相同条件下，感光度越高，获得光线的数量也就越多。但需要注意的是，感光度越高，图像中产生的噪点就越多，而低感光度画面则清晰、细腻，细节表现较好。在光线充足的情况下，一般使用ISO100 即可，典型相机的感光度可调范围如下表所示。

| APS-C 画幅 /DX 画幅 | | |
| --- | --- | --- |
| 佳能 | EOS 800D | EOS 90D |
| ISO 感光度范围 | ISO100~ISO25600<br>可以向上扩展至 ISO51200 | ISO100~ISO25600<br>可以向上扩展到 ISO51200 |
| 尼康 | D5600 | D7500 |
| ISO 感光度范围 | ISO100~ISO25600 | ISO100~ISO51200<br>可以向下扩展至 ISO50，向上扩展到 ISO1640000 |
| 全画幅 | | |
| 佳能 | EOS 6D Mark Ⅱ | EOS 5D Mark Ⅳ |
| ISO 感光度范围 | ISO100~ISO40000<br>可以向下扩展至 ISO50，向上扩展至 ISO102400 | ISO100~ISO32000<br>可以向下扩展至 ISO50，向上扩展至 ISO102400 |
| 尼康 | D810 | D850 |
| ISO 感光度范围 | ISO64~ISO12800<br>可以向上扩展到 ISO51200 | ISO64~ISO25600<br>可以向下扩展至 ISO32，向上扩展到 ISO102400 |

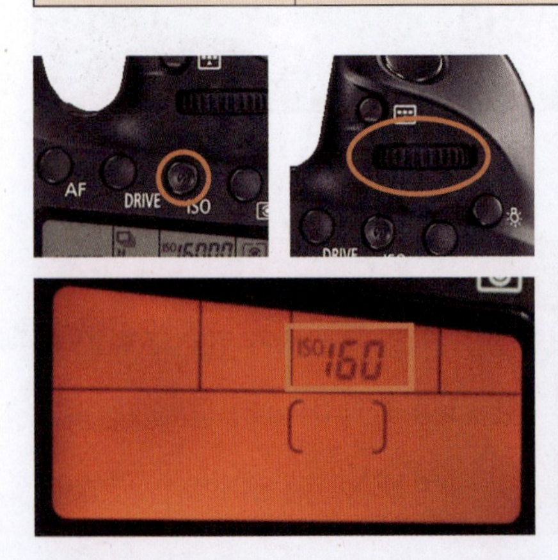

佳能相机设置方法：按下ISO按钮，转动主拨盘即可调整ISO感光度数值

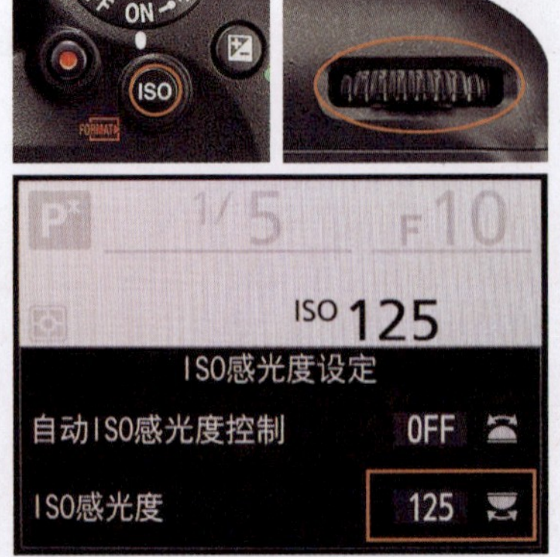

尼康相机设置方法：按下ISO按钮并转动主指令拨盘，即可调节ISO感光度数值

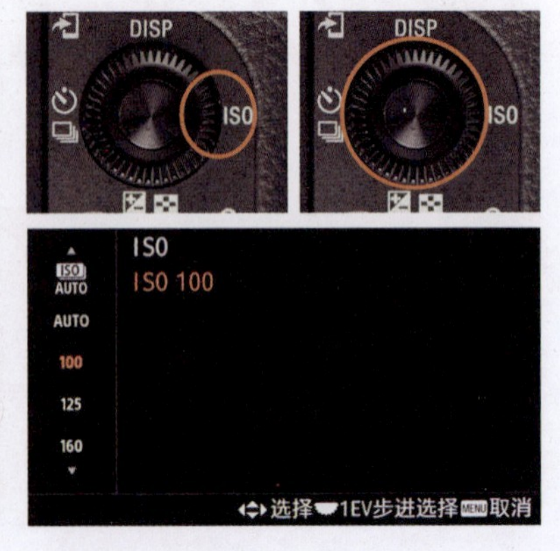

索尼相机设置方法：在P、A、S、M模式下，可以按ISO按钮，然后转动控制拨轮或按▲或▼方向键调整ISO感光度数值

## 3.3.2 感光度对曝光结果的影响

在有些场合拍摄时，如森林、光线较暗的博物馆等，光圈与快门速度已经没有可调整的空间，并且在无法开启闪光灯补光的情况下，只有提高感光度这一种选择了。

在其他条件不变的情况下，感光度每增加一挡，感光元件对光线的敏锐度会随之增加一倍，即曝光量增加一倍；反之，感光度每减少一挡，曝光量则减少一半。

| 固定的曝光组合 | 想要进行的操作 | 方法 | 示例说明 |
|---|---|---|---|
| F2.8、1/200s、ISO400 | 改变快门速度并使光圈数值保持不变 | 提高或降低感光度 | 例如，快门速度提高一倍（变为 1/400s），则可以将感光度提高一倍（变为 ISO800） |
| F2.8、1/200s、ISO400 | 改变光圈数值并保证快门速度不变 | 提高或降低感光度 | 例如，增加两挡光圈（变为 F1.4），则可以将 ISO 感光度数值降低两挡（变为 ISO100） |

下面是一组在焦距为 90mm、光圈为 F2.8、快门速度为 1/13s 的特定参数下，只改变感光度拍摄的照片效果。

90mm F2.8 1/13s ISO400

90mm F2.8 1/13s ISO500

90mm F2.8 1/13s ISO640

90mm F2.8 1/13s ISO800

这组照片是在 M 挡手动曝光模式下拍摄的。在光圈、快门速度不变的情况下，随着 ISO 数值的增大，由于感光元件的感光敏感度越来越高，以至画面变得越来越亮。

## 3.3.3 ISO感光度与画质的关系

对于大部分数码单反相机而言，使用ISO400以下的感光度拍摄时，均能获得优秀的画质；使用ISO500~ISO1600拍摄时，虽然画质要比使用低感光度时略有降低，但是依旧优秀。

从实用角度来看，在光照较充分的情况下，使用ISO1600和ISO3200拍摄的照片细节较完整，色彩较生动。但如果以100%的比例进行查看，还是能够在照片中看到一些噪点，而且光线越弱，噪点越明显。因此，如果不是对画质有特别要求，这个区间的感光度仍然属于能够使用的范围。但是对于一些对画质要求较为苛刻的用户来说，ISO1600是佳能相机能保证较好画质的最高感光度。

从左侧这组照片可以看出，在光圈优先曝光模式下，当ISO感光度数值发生变化时，快门速度也发生了变化，因此，照片的整体曝光量并没有变化。但仔细观察细节可以看出，照片的画质随着ISO数值的增大而逐渐变差。

100mm F2.8 1/160s ISO100

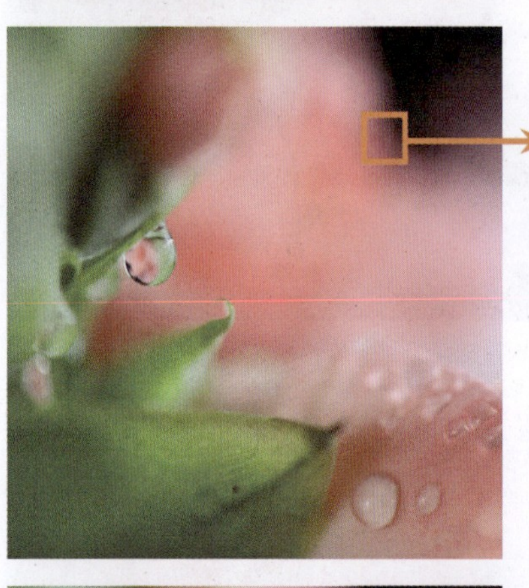

100mm F2.8 1/1000s ISO800

100mm F2.8 1/4000s ISO3200

## 3.3.4 感光度的设置原则

除需要高速抓拍或不能给画面补光的特殊场合，并且只能通过提高感光度来拍摄的情况外，否则不建议使用过高的感光度值。感光度除了会对曝光产生影响，对画质也有极大的影响，这一点即使是全画幅相机也不例外。感光度越低，画质就越好；反之，感光度越高，就越容易产生噪点、杂色，画质就越差。

在条件允许的情况下，建议采用相机基础感光度中的最低值，一般为 ISO100，这样可以在最大限度上保证得到较高的画质。

需要特别指出的是，分别在光线充足与不足的情况下拍摄时，即使设置相同的 ISO 感光度，在光线不足时拍出的照片中也会产生更多的噪点，如果此时再使用较长的曝光时间，那么就更容易产生噪点。因此，在弱光环境中拍摄时，需要根据拍摄需求灵活设置感光度，并配合高感光度降噪和长时间曝光降噪功能来获得较高的画质。

| 感光度设置 | 对画面的影响 | 补救措施 |
| --- | --- | --- |
| 光线不足时设置低感光度值 | 导致快门速度过低，在手持拍摄时容易因为手的抖动而导致画面模糊 | 无法补救 |
| 光线不足时设置高感光度值 | 获得较高的快门速度，不容易造成画面模糊，但画面噪点会增多 | 可以用后期软件降噪 |

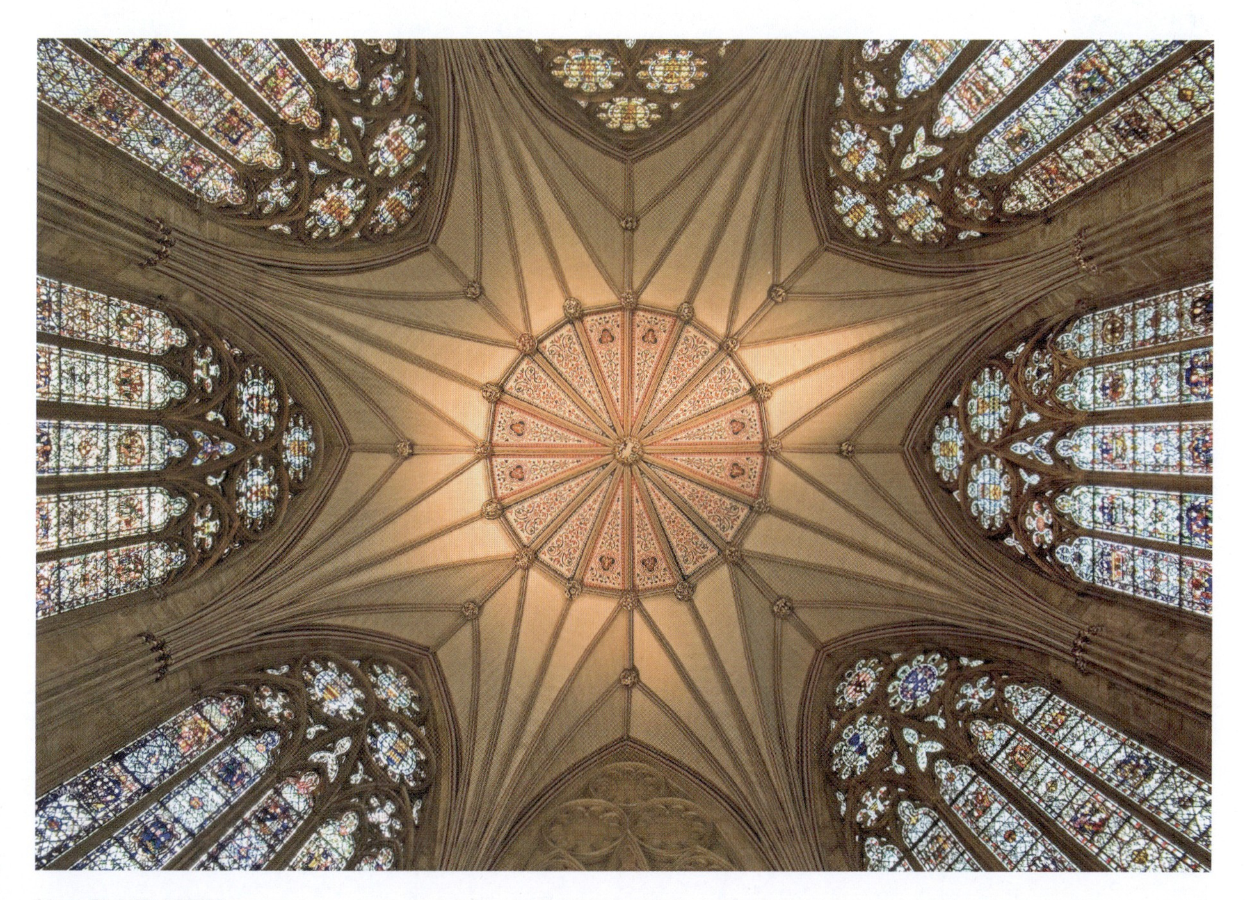

24mm F5 1/60s ISO800

在手持相机拍摄建筑物的精美内饰时，由于光线较弱，此时便需要提高感光度值

# 3.4 通过曝光补偿快速控制画面的明暗

## 3.4.1 曝光补偿的概念

相机的测光原理是基于 18% 中性灰建立的，由于数码单反相机的测光主要是由场景物体的平均反光率确定的，除了反光率比较高的场景（如雪景、云景）及反光率比较低的场景（如煤矿、夜景），其他大部分场景的平均反光率都在 18% 左右，而这一数值正是灰度为 18% 物体的反光率。因此，可以简单地将测光原理理解为：当拍摄场景中被摄物体的反光率接近于 18% 时，相机就会得到正确的测光结果。所以，在拍摄一些极端环境，如较亮的雪场或较暗的弱光环境时，相机的测光结果就是错误的，此时需要摄影师通过调整曝光补偿来得到正确的曝光结果，如下图所示。

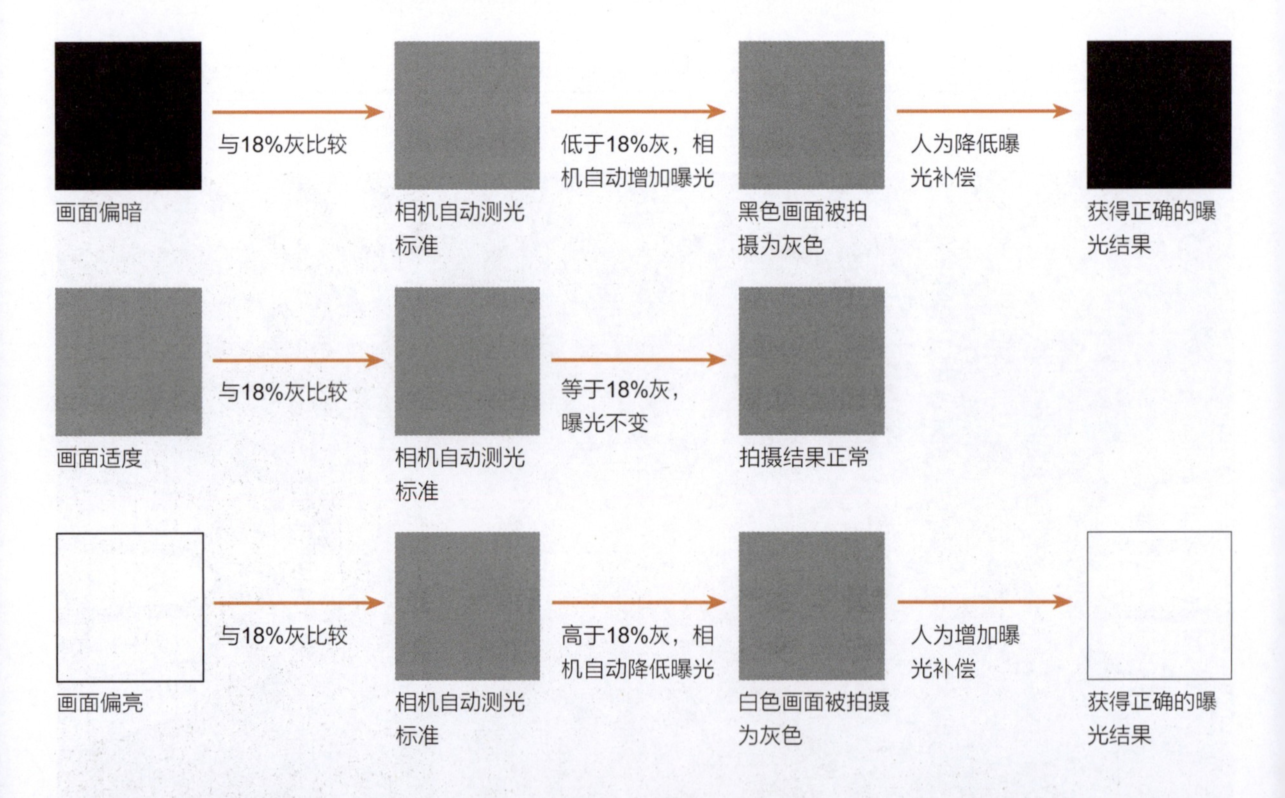


通过调整曝光补偿数值，可以改变照片的曝光效果，从而使拍摄的照片传达出摄影师的表现意图。例如，通过增加曝光补偿，照片轻微曝光过度以得到柔和的色彩与浅淡的阴影，使照片有轻快、明亮的效果；或者通过减少曝光补偿，将照片变得阴暗。

在拍摄时，是否能够主动运用曝光补偿技术，是判断一位摄影师是否真正理解摄影的光影奥秘的标志之一。

现在的数码单反相机的曝光补偿范围为－5.0~+5.0EV，并以 1/3 级为单位进行调节。

索尼相机设置方法：按☒按钮，然后按◀或▶方向键调整曝光补偿数值

佳能相机设置方法：在P、Tv、Av模式下，半按快门查看取景器曝光量指示标尺，然后转动速控转盘◎，即可调节曝光补偿值

尼康相机设置方法：按下☒按钮，然后转动主指令拨盘，即可在控制面板上调整曝光补偿数值

## 3.4.2 判断曝光补偿的方向

在了解曝光补偿的概念后，曝光补偿在拍摄时应该如何应用呢？曝光补偿分为正向与负向，即增加与减少曝光补偿。针对不同的拍摄题材，在拍摄时一般可使用“找准中间灰，白加黑就减”的口诀来判断是增加还是减少曝光补偿。

需要注意的是，“白加”中提到的“白”并不是指单纯的白色，而是泛指一切看上去比较亮的、比较浅的景物，如雪、雾、白云、浅色的墙体、亮黄色的衣服等；同理，“黑减”中提到的“黑”，也并不是单指黑色，而是泛指一切看上去比较暗的、比较深的景物，如夜景、深蓝色的衣服、阴暗的树林、黑胡桃色的木器等。

因此，在拍摄时，如果遇到“白色”的场景，就应该做正向曝光补偿；如果遇到的“黑色”的场景，就应该做负向曝光补偿。

应根据拍摄题材的特点进行曝光补偿，以得到合适的画面效果

## 3.4.3 正确理解曝光补偿

许多摄影初学者在刚接触曝光补偿时，以为使用曝光补偿可以在曝光参数不变的情况下，提亮或降暗画面，这种认识是错误的。

实际上，曝光补偿是通过改变光圈与快门速度来提亮或降暗画面的。即在光圈优先模式下，如果增加曝光补偿，相机实际上是通过降低快门速度来实现；反之，如果减少曝光补偿，则通过提高快门速度来实现。在快门优先模式下，如果增加曝光补偿，相机实际上是通过增大光圈来实现（直至达到镜头的最大光圈），因此，当光圈达到镜头的最大光圈时，曝光补偿就不再起作用了；反之，如果减少曝光补偿，则通过缩小光圈来实现。

下面通过两组照片及相应拍摄参数来佐证这一点。

从下面展示的 4 张照片可以看出，在光圈优先模式下，改变曝光补偿，实际上是改变了快门速度。

55mm F1.8 1/10s ISO100 +1.3EV

55mm F1.8 1/25s ISO100 +0.7EV

55mm F1.8 1/25s ISO100 0EV

55mm F1.8 1/25s ISO100 −0.7EV

从下面展示的4张照片可以看出，在快门优先模式下，改变曝光补偿，实际上是改变了光圈大小。

55mm F3.5 1/50s ISO100 −1.3EV

55mm F3.2 1/50s ISO100 −1EV

55mm F2.2 1/50s ISO100 +1EV

55mm F1.8 1/50s ISO100 +1.7EV

# 3.5 拍摄模式的选择

## 3.5.1 光圈优先曝光模式——A（尼康）/Av（佳能）

在光圈优先曝光模式下，相机将根据当前设置的光圈值自动计算出合适的快门速度。使用光圈优先曝光模式可以控制画面的景深，在同样的拍摄距离下，光圈越大，则景深越小，即拍摄对象（对焦的位置）前景、背景的虚化效果就越好；反之，光圈越小，则景深越大，即拍摄对象前景、背景的清晰度越高。

当光圈过大而导致快门速度超出了相机的极限时，如果仍然希望保持该光圈，可以尝试降低ISO感光度的数值，或使用中灰镜减少进光量。

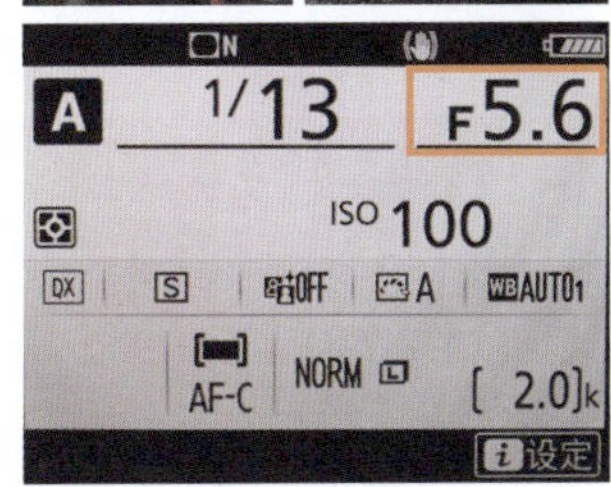


尼康相机光圈优先设置方法：在A挡光圈优先曝光模式下，可通过旋转副指令拨盘调整光圈值

佳能相机光圈优先设置方法：将模式转盘设为光圈优先模式，可以转动主拨盘调节光圈数值

索尼相机光圈优先设置方法：转动模式旋钮，使A图标对齐左侧的白色标志处，即为光圈优先模式。在A模式下，可以转动控制转盘或控制拨轮调整光圈值

70mm F2.8 1/250s ISO160

使用光圈优先模式并设置大光圈值拍摄，得到了背景虚化而花朵突出的效果

## 3.5.2 快门优先曝光模式——S（尼康）/Tv（佳能）

在快门优先曝光模式下，摄影师可以指定一个快门速度，相机会自动计算光圈的大小，以获得正常的曝光。较高的快门速度可以凝固动作或者移动的物体；较慢的快门速度可以产生模糊效果，从而产生动感。

在拍摄时，快门速度需要根据拍摄对象的运动速度及照片的表现形式（即凝固瞬间的清晰还是带有动感的模糊）来决定。

320mm F11 1/1600s ISO100

在拍摄飞翔中的鸟时，可使用快门优先模式，以便设置较高的快门速度，将其清晰地定格在画面中

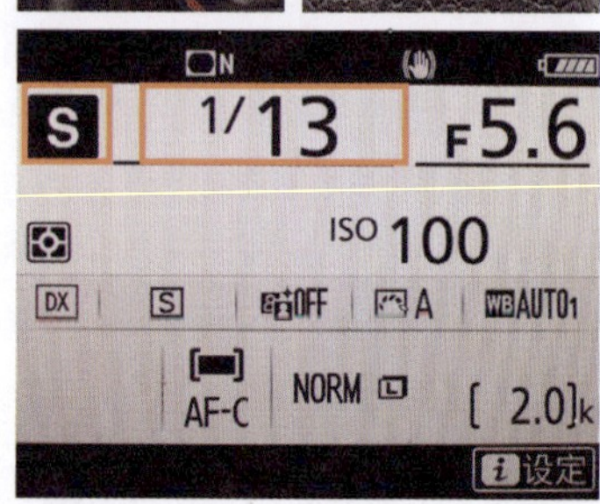


尼康相机快门优先设置方法：在快门优先模式下，可以转动主指令拨盘调节快门速度

佳能相机快门优先设置方法：在快门优先模式下，可以转动主拨盘调整快门速度

索尼相机快门优先设置方法：转动模式旋钮，使S图标对齐左侧的白色标志，即为快门优先模式。在S模式下，可以转动控制转盘或控制拨轮调整快门速度

## 3.5.3 手动曝光模式——M

在全手动模式下，所有拍摄参数都由摄影师手动设置，使用 M 挡全手动模式有以下优点。

首先，使用 M 挡全手动模式拍摄时，当摄影师设置好恰当的光圈和快门速度后，即使移动镜头进行再次构图，光圈与快门速度也不会发生变化。

其次，在其他曝光模式下拍摄时，往往需要根据场景的亮度，在测光后进行曝光补偿的操作。而在 M 挡全手动模式下，由于光圈和快门速度都是摄影师设定的，因此设定的同时就可以将曝光补偿考虑在内，从而省略了设置曝光补偿的操作过程。

另外，当在摄影棚拍摄并使用了频闪灯或外置的非专用闪光灯时，由于无法使用相机的测光系统，而需要使用闪光灯测光表或通过手动计算来确定正确的曝光值，此时也需要手动设置光圈和快门速度，从而实现正确的曝光。

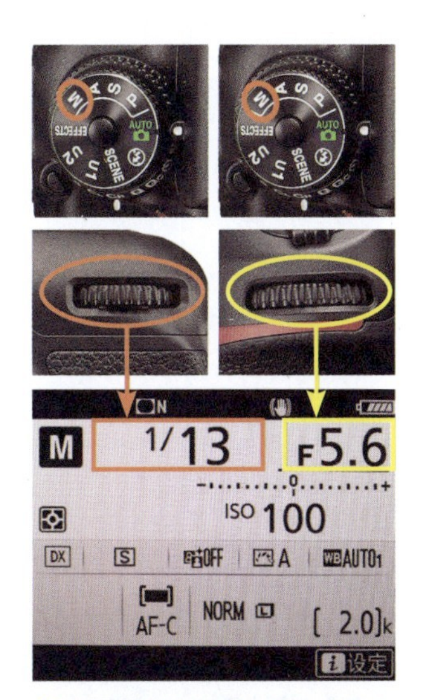


尼康相机手动曝光模式设置方法：在手动拍摄模式下，旋转主指令拨盘可调整快门速度值，旋转副指令拨盘可调整光圈值

24mm F10 10s ISO100

使用手动模式拍摄烟花，可以根据摄影师的意图控制曝光时间，从而获得独特的画面效果

佳能相机手动曝光模式设置方法：在手动拍摄模式下，转动主拨盘可以调节快门速度值，转动速控转盘可以调节光圈值

索尼相机手动曝光模式设置方法：旋转模式旋钮，使M图标对齐左侧的白色标志，即为手动照相模式。在M模式下，转动控制拨轮可以调整快门速度值，转动控制转盘可以调整光圈值

## 3.5.4 程序自动曝光模式——P

程序自动曝光模式在高级曝光模式中如同全自动曝光模式，该模式锁定了快门速度及光圈值，而 ISO 感光度、白平衡、曝光补偿和闪光灯等参数可以由摄影师根据需要自行设定，其最大的优点是操作简单、快捷，这对新闻、纪实等需要大量抓拍的拍摄题材而言非常有用。

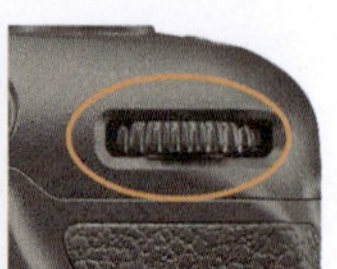
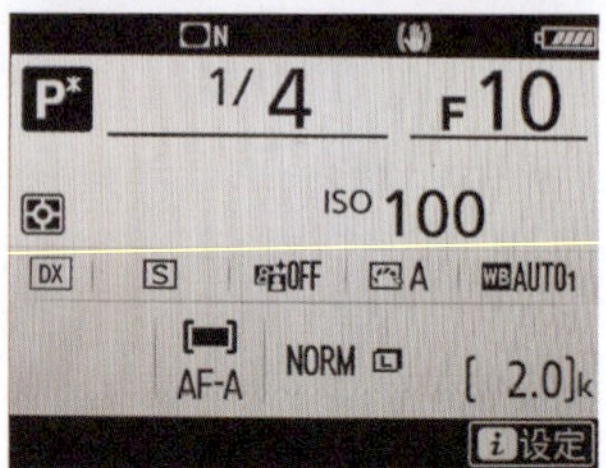

尼康相机程序自动曝光模式设置方法：在程序自动曝光模式下，通过旋转主指令拨盘可选择快门速度和光圈的不同组合

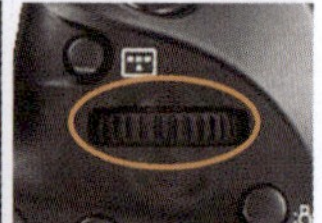
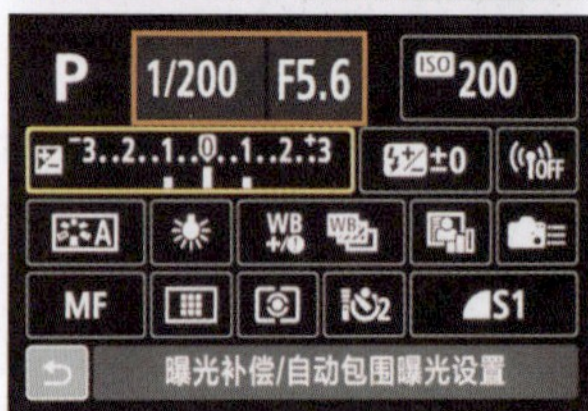

佳能相机程序自动曝光模式设置方法：在程序自动曝光模式下，可以通过转动主拨盘来选择快门速度和光圈的不同组合

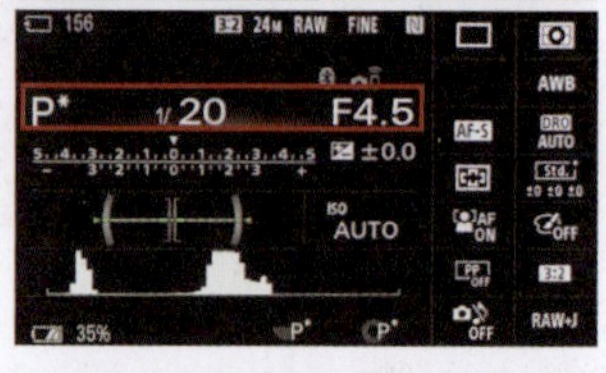

索尼相机程序自动曝光模式设置方法：转动模式旋钮，使P图标对齐左侧的白色标志，即为程序自动曝光模式。在该模式下，曝光测光开启时，转动控制转盘或控制拨轮可选择快门速度和光圈的不同组合

200mm F4 1/500s ISO200

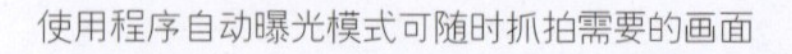

使用程序自动曝光模式可随时抓拍需要的画面

# 3.6 针对不同场景选择不同的测光模式

当摄影爱好者结伴外拍时，发现在拍摄同一个场景时，有些人拍摄出来的画面曝光不同，产生这种情况的原因在于可能使用了不同的测光模式。下面就来讲解为什么要测光，测光模式又可以分为哪几种。

佳能相机设置方法：按住[图标]按钮并同时转动主拨盘或速控转盘选择一种测光模式即可

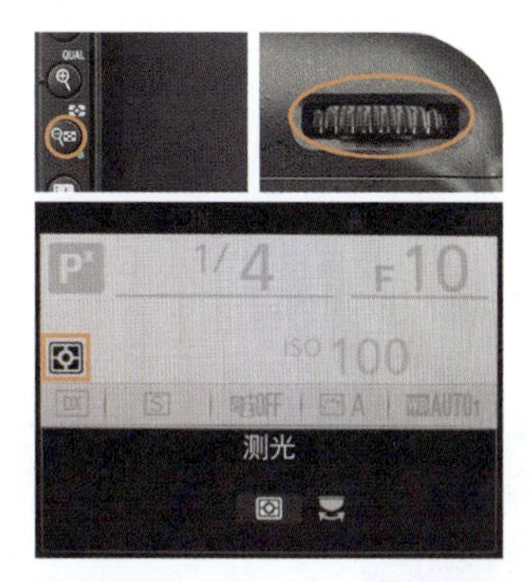


尼康相机设置方法：按住[图标]按钮并旋转主指令拨盘，即可选择所需的测光模式

索尼相机设置方法

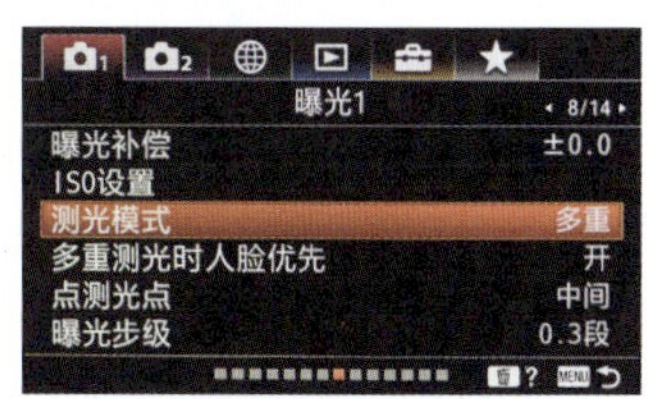


❶ 在拍摄设置1菜单的第8页中，选择“测光模式”选项

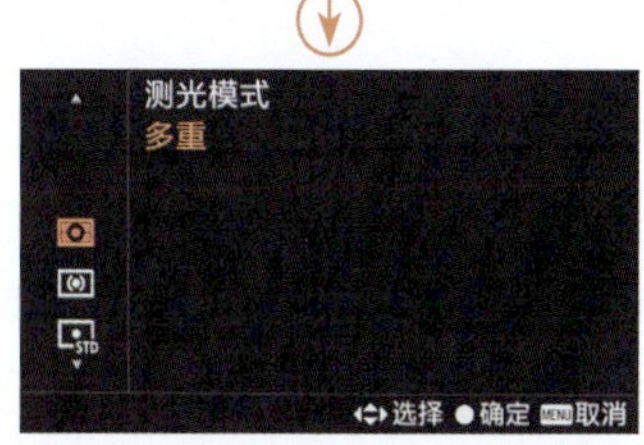


❷ 按▼或▲方向键选择所需要的测光模式，然后按控制拨轮中央按钮确定

## 3.6.1 平均测光模式

几乎所有相机厂商都将平均测光模式作为相机的默认测光模式。在该模式下，相机将画面分为多个区域，针对各个区域测光，然后将得到的测光数据进行加权平均，以得到适用于整个画面的曝光参数。该模式最适合拍摄光比不大的日常及风光照片。

由于各个厂商的命名不同，因此在不同相机中的名称也不相同。在佳能相机中称为“评价测光”（[图标]），在尼康相机中称为“矩阵测光”（[图标]），在索尼相机中称为“多重测光”（[图标]）。

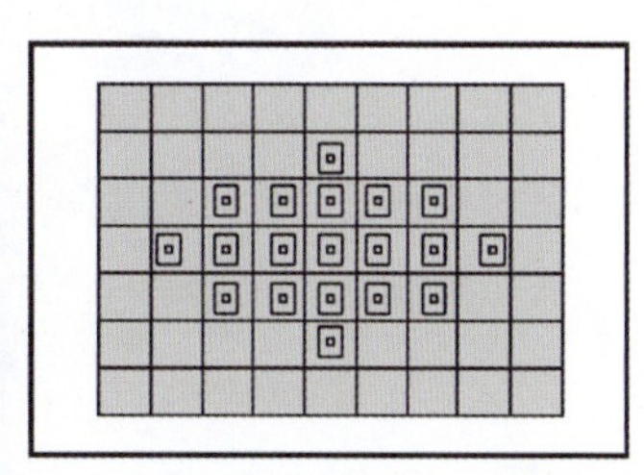

评价测光模式示意图

17mm F18 5s ISO100

色彩柔和、反差较小的风光照片，常用评价测光模式

## 3.6.2 中央重点测光模式

中央重点测光模式适合在明暗反差较大的环境下使用，或者拍摄时要重点考虑画面中间位置被拍摄对象的曝光情况时使用，此时相机是以画面的中央区域作为最重要的测光参考，同时兼顾其他区域的测光数据。该方式能实现画面中央区域的精准曝光，又能保留部分背景的细节，因此这种测光模式适合拍摄主体位于画面中央位置的场景，在人像摄影、微距摄影等题材中经常使用。

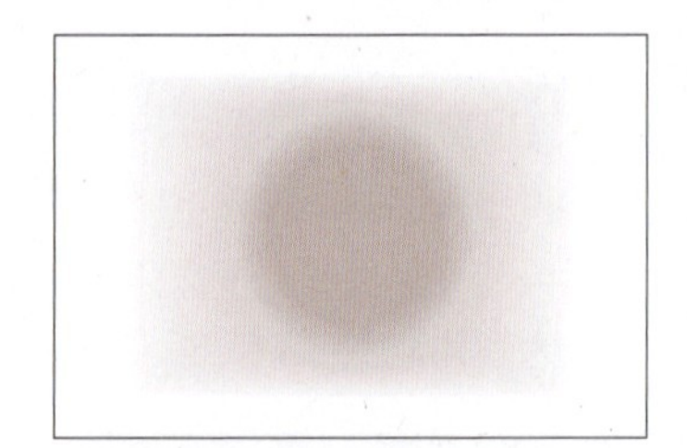

中央重点平均测光模式示意图

此模式在佳能相机中称为“中央重点平均测光模式”（[ ]），在尼康相机中称为“中央重点测光模式”（ ），在索尼相机中称为“中心测光模式”（ ）。

85mm F2 1/1000s ISO100

人物在画面的中央，最适合使用中心测光模式

## 3.6.3 点测光模式

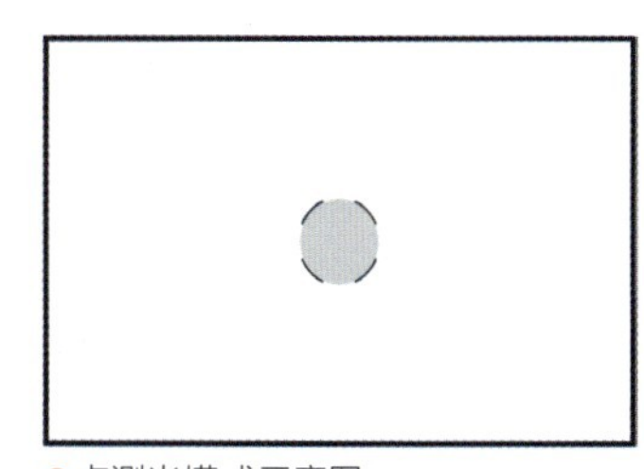

点测光模式示意图

无论是夕阳下的景物呈现为剪影的画面效果，还是皮肤白皙背景曝光过度的高调人像，都可以利用点测光模式来实现。

点测光是一种高级测光模式，由于相机只对画面中央区域的很小部分进行测光，因此，具有相当高的准确性。

由于点测光是依据很小的测光点来计算曝光量，因此，测光点位置的选择将会在很大程度上影响画面的曝光效果，尤其是逆光拍摄或画面明暗反差较大时。

如果对准亮部测光，则可得到亮部曝光合适，暗部细节有所损失的画面；如果对准暗部测光，则可得到暗部曝光合适，亮部细节有所损失的画面。所以，拍摄时可根据自己的拍摄意图来选择不同的测光点，以得到曝光合适的画面。

在佳能、尼康和索尼相机中的名称均为“点测光模式”（尼康[•]/佳能[•]/索尼[•]）。

58mm F6.3 1/640s ISO100

使用点测光模式针对较亮的区域进行测光，得到夕阳氛围强烈的剪影人像照片

# 3.7 利用曝光锁定功能锁定曝光值

顾名思义，曝光锁定是可以将画面中某个特定区域的曝光值锁定，并以此曝光数值对场景进行拍摄。当光线复杂而主体不在画面中央位置时，通常先对主体进行测光，然后将曝光数值锁定，再进行重新构图和拍摄。

使用曝光锁定功能的方便之处在于，即使拍摄者松开半按的快门，重新进行对焦、构图，只要按住曝光锁定按钮，那么相机还是会以刚才锁定的曝光参数进行拍摄。

下面以佳能相机拍摄人物为例，讲解如何依据人物的皮肤进行测光，并针对眼睛进行对焦，拍摄出皮肤曝光正确，眼睛明亮、清晰的照片。

① 对选定区域进行测光，如果该区域在画面中所占比例很小，则应靠近被摄体，使其充满取景器的中央区域。

② 半按快门，此时在取景器中会显示一组光圈和快门速度组合数据。

③ 释放快门，按下曝光锁定按钮✱，相机会记住刚刚得到的曝光值。

④ 重新取景构图、对焦，完全按下快门即可完成拍摄。

尼康相机曝光锁定设置方法：按下AE-L/AF-L按钮即可锁定曝光和对焦

佳能相机曝光锁定设置方法：按下自动曝光锁按钮，即可锁定当前的曝光

SONY α 7RⅣ相机曝光锁定设置方法：按下自动曝光锁按钮，即可锁定当前的曝光

50mm F3.2 1/250s ISO100

先对人物的面部进行测光，锁定曝光并重新构图后再进行拍摄，从而保证面部获得正确的曝光

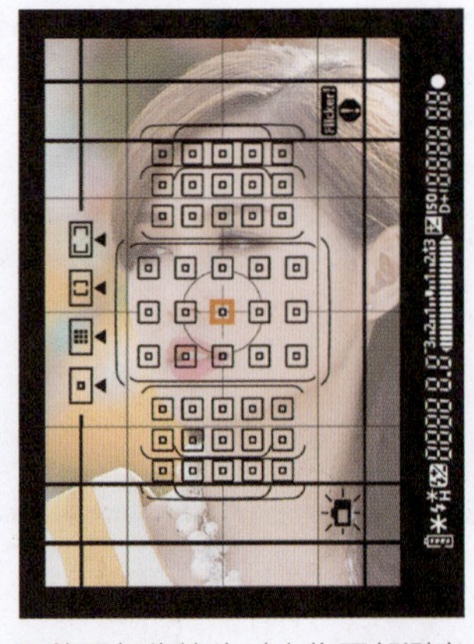

使用长焦镜头对人物面部测光示意

# 3.8 根据拍摄题材选用自动对焦模式

如果说了解测光可以帮助正确地还原影调，那么选择正确的自动对焦模式，则可以帮助获得清晰的影像，而这恰恰是拍出好照片的关键环节之一。数码单反或微单相机一般提供了单次、连续、自动选择3种自动对焦模式。下面分别介绍各种自动对焦模式的特点及适用场合。

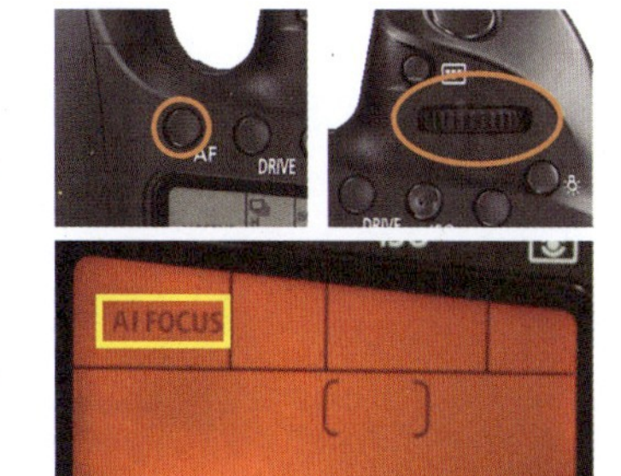


佳能相机设置方法：按下AF按钮，转动主拨盘选择一种自动对焦模式

## 3.8.1 单次自动对焦模式

在单次自动对焦模式下，相机在合焦（半按快门时对焦成功）之后即停止自动对焦，此时可以保持快门的半按状态，重新调整构图。佳能相机中一般称为ONE SHOT，尼康和索尼相机中一般称为AF-S。

单次自动对焦模式是风光摄影中最常用的对焦模式之一，特别适合拍摄静止的对象，如山峦、树木、湖泊、建筑物等。当然，在拍摄人物或动物时，如果被摄体处于静止状态，也可以使用这种对焦模式。

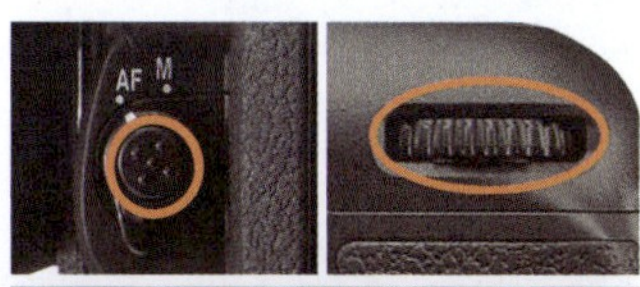


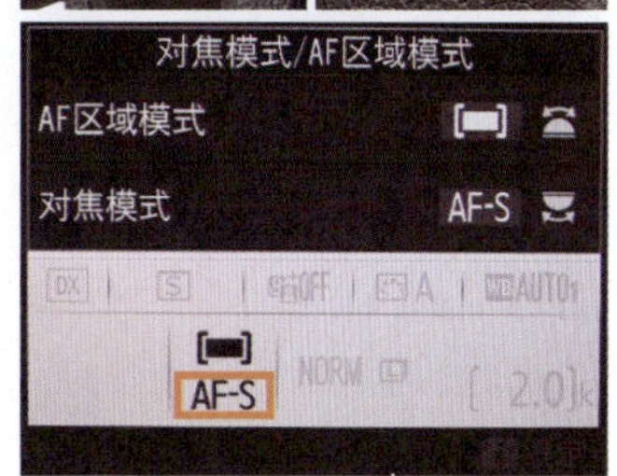


尼康相机设置方法：将对焦模式选择器旋转至AF，按住AF按钮，然后转动主指令拨盘，可以在3种自动对焦模式之间切换

使用单次自动对焦模式拍摄静止的对象，画面焦点清晰，构图也更加灵活，不用拘泥于仅有的对焦点

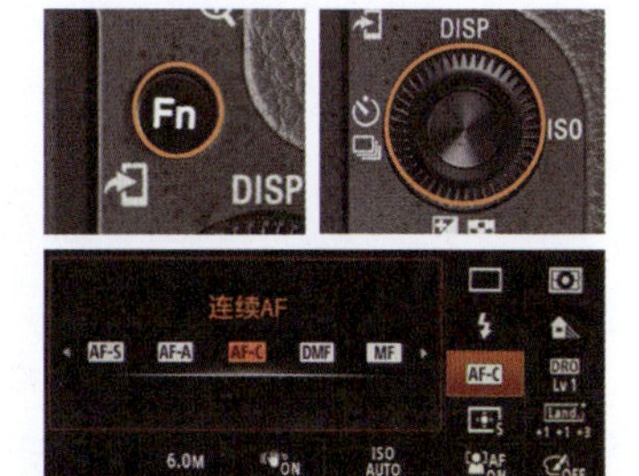


索尼相机设置方法：在拍摄待机屏幕显示的状态下，按Fn按钮，然后按◀▶▲▼方向键选择对焦模式选项，转动控制拨轮选择所需的对焦模式

## 3.8.2 连续自动对焦模式

在拍摄运动中的鸟、昆虫、人物等对象时，如果使用单次自动对焦模式，便会发现拍摄的大部分画面都不清晰。对于运动的主体，在拍摄时最适合选择连续自动对焦模式，佳能相机称为“人工智能伺服自动对焦”（AI SERVO），尼康相机称为“连续伺服自动对焦”（AF-A），索尼相机称为“连续自动对焦”（AF-C）。

在连续自动对焦模式下，当半按快门合焦后，保持快门的半按状态，相机会在对焦点中自动切换，以保持对运动对象的准确合焦状态。如果在这个过程中被摄体的位置发生了较大的变化，只要移动相机使自动对焦点保持覆盖主体，就可以持续对焦。

400mm F6.3 1/2000s ISO400

拍摄飞翔中的鸟时，适合使用连续自动对焦模式

## 3.8.3 自动选择自动对焦模式

越来越多的人因为记录家中小孩子的日常生活而购买单反相机。但真正拿起相机拍他们时，发现小孩子的动和静毫无规律可言，想要拍摄好太难了。

针对这种无法确定被摄体是静止还是运动状态的拍摄情况，相机提供了自动选择自动对焦模式。在此模式下，相机会自动根据拍摄对象是否运动来选择单次自动对焦还是连续自动对焦，佳能相机中称为 AI FOCUS，尼康相机中称为 AF-A，索尼相机中称为自动选择自动对焦模式（AF-A）。

例如，在动物摄影中，如果所拍摄的动物暂时处于静止状态，但有突然运动的可能性，此时应该使用自动选择自动对焦模式，以保证能够将拍摄对象清晰地“捕捉”下来。在人物摄影中，如果模特不是处于摆拍的状态，随时有可能从静止状态变为运动状态，也可以使用这种自动对焦模式。

# 3.9 手选对焦点的必要性

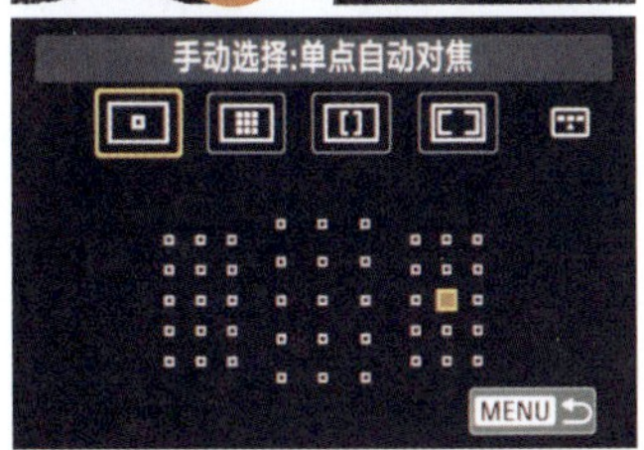


佳能相机设置方法：按下⊞或⊡按钮后，通过多功能控制钮选择对焦点的位置，如果按下SET按钮，则选择中央对焦点（或中央对焦区域）

无论是拍摄静止的对象还是拍摄运动的对象，并不是说只要选择了相对应的自动对焦模式，就能成功拍摄。在进行这些操作之后，还要手动选择对焦点或对焦区域的位置。

例如，在拍摄摆姿人像时，需要将对焦点位置选择在人物眼睛处，使人物眼睛炯炯有神。如果拍摄人物处于树叶或花丛的后面，则对焦点的位置很重要；如果对焦点的位置在树叶或花丛中，则拍摄出来的人物会是模糊的；而如果将对焦点位置选择在人物上，则拍摄出来的照片会是前景虚化的唯美效果。

同样，在拍摄运动的对象时，也需要选择对焦区域的位置，因为无论是连续自动对焦还是自动选择自动对焦模式，都是从选择的对焦区域开始追踪对焦拍摄对象的。

50mm F2.8 1/320s ISO100

采用单点自动对焦区域模式手动选择对焦点拍摄，保证了对人物的眼睛进行准确的对焦

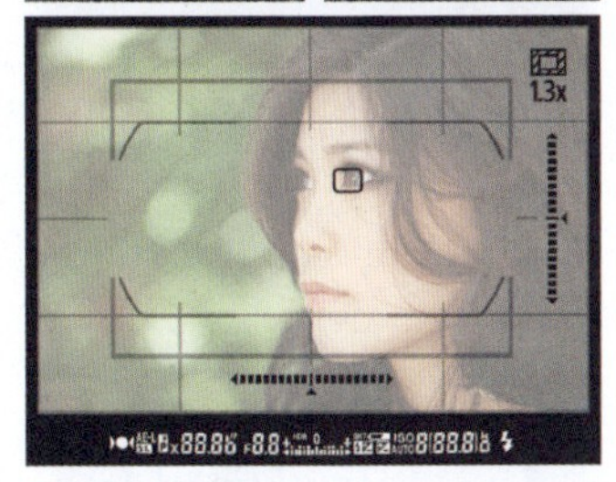

尼康相机设置方法：旋转对焦选择器锁定开关至●位置，使用多重选择器即可调整对焦点的位置。选择对焦点后，可以将对焦选择器锁定开关旋转至L位置，则可以锁定对焦点，以避免由于手指碰到多重选择器而错误改变对焦点的位置

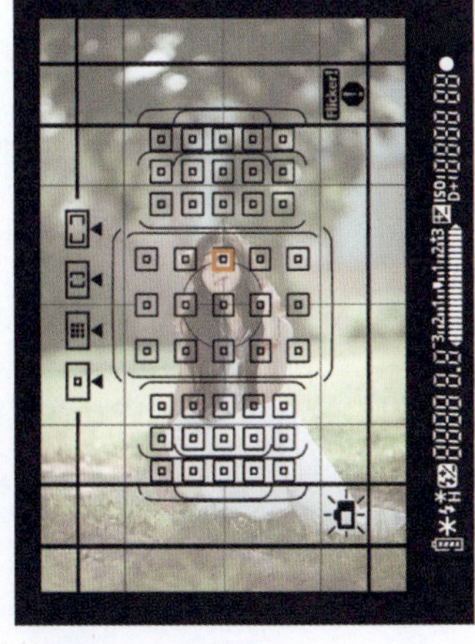

手动选择对焦点示意

# 3.10　7种情况下手动对焦比自动对焦更好

虽然大多数情况下，使用自动对焦模式便能成功对焦，但在某些场景，需要使用手动对焦才能更好地完成拍摄。在下面列举的一些情况下，相机的自动对焦系统往往无法准确对焦，此时就应该切换至手动对焦模式，然后手动调节对焦环完成对焦。

■画面主体处于杂乱的环境中，例如拍摄杂草后面的花朵等。

■画面属于高对比、低反差的画面，例如拍摄日出、日落等。

■弱光摄影，例如拍摄夜景、星空等。

■距离太近的题材，例如拍摄昆虫、花卉等。

■主体被覆盖，例如拍摄动物园笼子中的动物、鸟笼中的鸟等。

■对比度很低的景物，例如拍摄纯色的蓝天、墙壁等。

■距离较近且相似程度很高的题材，例如照片翻拍等。

手动对焦拍摄还有一个好处，就是在对某一物体进行对焦后，只要在不改变焦平面的情况下再次构图，则不需要再进行对焦，这样就节约了拍摄时间。

索尼相机提供了两种手动对焦模式，一种是“DMF直接手动对焦”，另一种是“MF手动对焦”，虽然同属于手动对焦模式，但这两种对焦模式却有较大的区别，下面将分别介绍。

“DMF直接手动对焦”模式在操作时先是由相机自动对焦，再由摄影师手动对焦。拍摄时需要先半按快门，由相机自动对焦，在保持半按快门的状态下，转动镜头对焦环，切换成为手动对焦状态，进行微调对焦并拍摄。

“MF 手动对焦”模式适用于拍摄距离较近、拍摄对象较小或较难对焦的景物。另外，当需要精准对焦或担心自动对焦不够精准时，也可采用此对焦模式。

90mm F9 1/500s ISO100

在拍摄玩具等静物时，需要使用“DMF 直接手动对焦”模式，对画面主体进行精确对焦，以得到清晰的画质

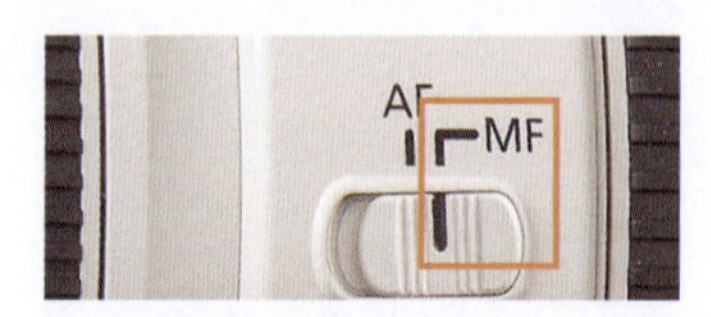


佳能手动对焦模式设置方法：将镜头上的对焦模式切换器设为MF，即可切换至手动对焦模式

尼康手动对焦模式设置方法：转动对焦模式选择器至M位置，即可选择手动对焦模式

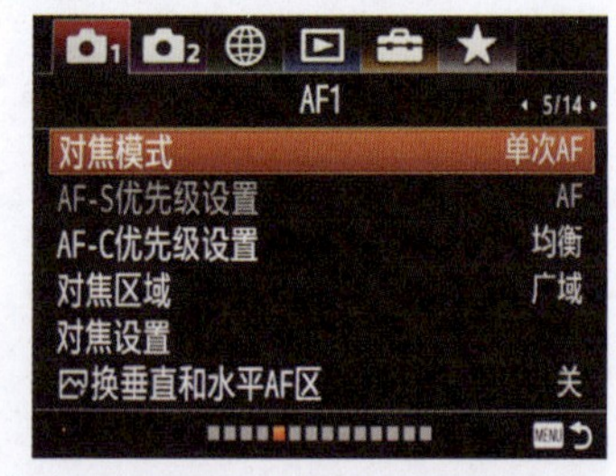


❶在拍摄设置1菜单的第5页中，选择对焦模式选项

❷按▼或▲方向键选择DMF或MF选项

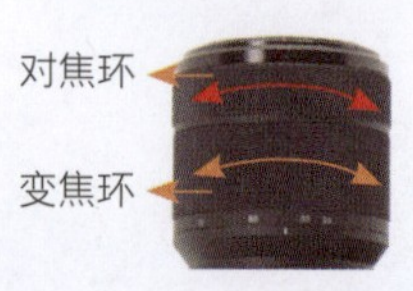


不同镜头的对焦环与变焦环的位置不同，在使用时只需尝试一下，即可分清

# 3.11 驱动模式与对焦功能的搭配使用

针对不同的拍摄场景，需要将快门设置为不同的驱动模式。例如，要抓拍高速移动的物体时，为了保证成功率，可以通过相应设置使按下一次快门就能够连续拍摄多张照片。

佳能相机操作方法：按下驱动模式选择按钮DRIVE，转动主拨盘即可在液晶显示屏中选择相应的快门驱动模式

## 3.11.1 单拍模式

在此模式下，每次按下快门时都只能拍摄一张照片。单张拍摄模式适合拍摄静态对象，如风光、建筑、静物等题材。

静音单拍的操作方法和拍摄题材与单拍模式基本类似，但由于使用静音单拍模式时相机发出的声音更小，因此，更适合在较安静的场所拍摄，或拍摄易于被相机快门声音惊扰的对象。

尼康相机操作方法：按下释放模式拨盘锁定解除按钮，并同时转动释放模式拨盘，即可在不同的快门释放模式之间切换。

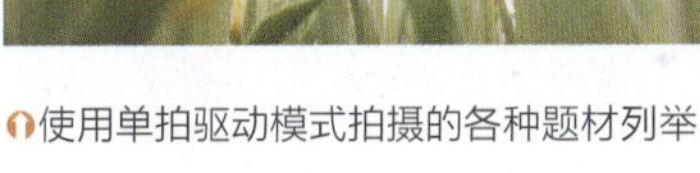
使用单拍驱动模式拍摄的各种题材列举

索尼相机操作方法：按下控制轮上的拍摄模式按钮, 然后按▼或▲方向键选择一种拍摄模式。当选中可进一步设置的拍摄模式时，可以按◀或▶方向键选择所需的选项

## 3.11.2 连拍模式

在连拍模式下，每次按下快门时都将连续进行拍摄，中高端单反相机提供了高速连拍、低速连拍和静音连拍 3 种模式。以佳能 80D 相机为例，其高速连拍的速度约为 7 张 /s，低速连拍和静音连拍的连拍速度约为 3 张 /s，即在按下快门 1s 的时间内，相机将连续拍摄约 7 张或 3 张照片。

连拍模式适合拍摄运动的对象。当将被摄体的瞬间动作全部抓拍下来后，可以从中挑选最满意的画面。也可以利用这种拍摄模式，将持续发生的事件拍摄成为一系列照片，从而展现一个相对完整的过程。

使用高速连拍模式拍摄的两只水鸟打闹的系列动作

## 3.11.3 自拍模式

佳能单反相机提供了 2s 自拍和 10s 自拍两种模式，而尼康相机则可以通过“自拍”菜单选择 2s、5s、10s 及 20s 的自拍时间，来满足不同的拍摄需求。

值得一提的是，所谓的自拍驱动模式并非只能用来给自己拍照。例如，在需要使用较低的快门速度拍摄时，可以将相机放在一个稳定的位置，并进行变焦、构图、对焦等操作，然后通过设置自拍驱动模式的方式，避免手按快门产生振动，进而拍摄到清晰的照片。

使用2s自拍模式拍摄慢门瀑布，得到了清晰的画面

使用10s自拍模式，有充足的时间调节摆姿和表情，从而得到更自然的画面

# 3.12 包围曝光

包围曝光是一种使用不同曝光组合连续拍摄 3 张照片的方法，使用这种拍摄技术可以提高获得正确曝光照片的概率。在开启自动包围曝光功能后，相机将会按照设置好的曝光量连拍 3 张。如果设定的曝光补偿值是 0.3，那么所拍摄的 3 张照片曝光值分别是：-0.3 挡曝光补偿、正常曝光、+0.3 挡曝光补偿。在相机菜单中可以设置拍摄时的曝光顺序，既可以是正常、不足、过度，也可以是不足、正常、过度。

在拍摄大光比的风光摄影作品，例如日出、日落场景时，如果没有把握通过设置光圈、快门速度、白平衡等参数获得准确的曝光，就应该使用包围曝光的手法一次性拍摄出 3 张不同曝光组合的照片，最后从中选出令人满意的照片。

另外，在拍摄需要使用中灰镜降低天空与地面反差的场景时，也可以利用包围曝光的方式，从 3 张照片中选择天空曝光准确的照片与地面曝光准确的照片，然后通过后期处理技术将其合成为一张完美的照片。

在光线转瞬即逝的环境中拍摄时，如果不能确定拍摄效果，又怕错失良机，可以利用包围曝光模式进行拍摄，再从中选取曝光合适的画面

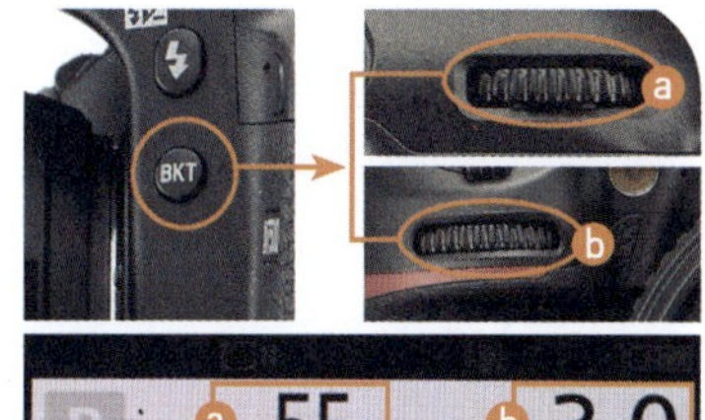


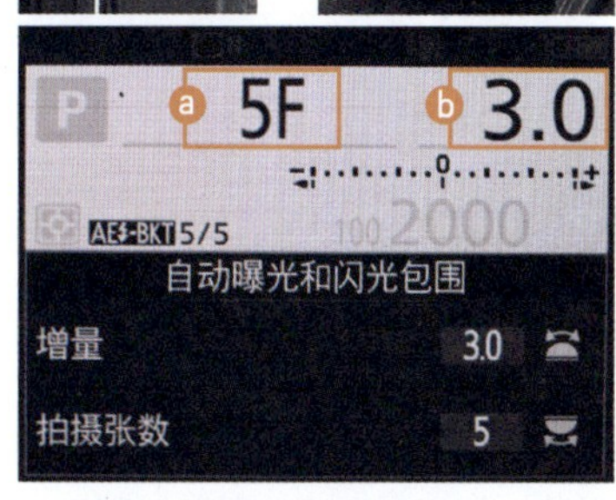


尼康相机包围曝光设置方法：要调整包围曝光参数，在默认情况下，按下 **BKT** 按钮，转动主指令拨盘可以调整拍摄的张数ⓐ；转动副指令拨盘可以调整包围曝光的范围ⓑ

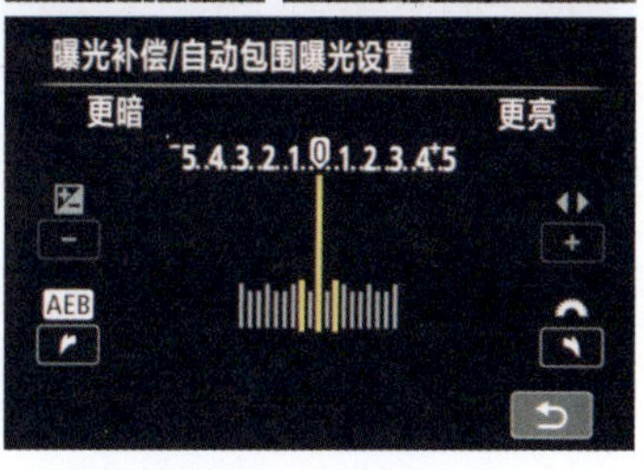


佳能相机包围曝光设置方法：按下Q按钮显示速控屏幕，选择曝光量指示标尺，点击或图标或转动主拨盘可设置自动包围曝光的范围

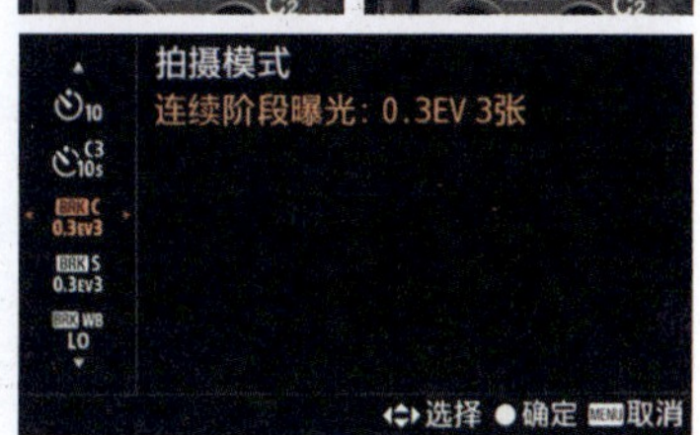


索尼相机包围曝光设置方法：按控制拨轮上的拍摄模式按钮/，然后按▼或▲方向键选择连续阶段曝光BRK C或单拍阶段曝光BRK S模式，再按◀或▶方向键选择所需级数和张数

# 3.13 白平衡与色彩的关系

同样的颜色在不同色相的光源条件下观看时，给人的感觉是不一样的。白平衡实际上就是相机对不同光源条件下“白色”的校准，以此来确定对三原色的曝光控制，从而使所拍摄的照片色彩能够准确还原。数码相机中的白平衡是通过调整色温来调整色彩的，只要相机色温与光源色温基本一致，就可以保证照片整体色调不会偏色。

简单来说，白平衡的作用是让相机对拍摄环境中不同光线和色温造成的色偏进行修正，准确地还原被摄体的真实色彩。通常情况下，数码单反相机中都带有预设白平衡、手调色温及自定义白平衡等几种设置方式。

35mm F18 1/13s ISO200

使用阴影白平衡拍摄的画面呈紫红色

22mm F13 1/10s ISO200

使用荧光灯白平衡拍摄的画面呈蓝色

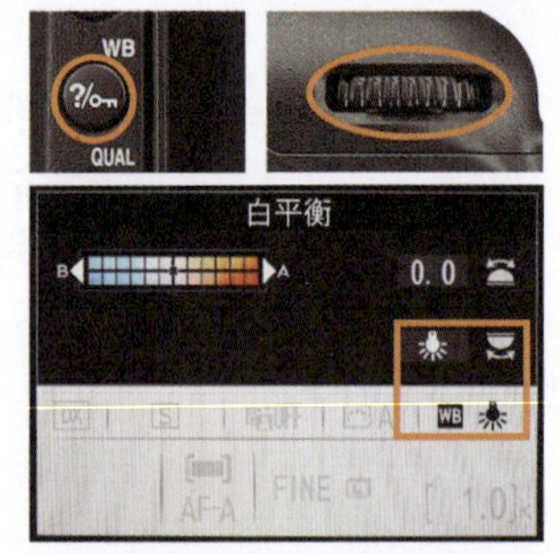


尼康相机白平衡设置方法：在机身上设置白平衡时，可按下?/O‑n（WB）按钮，然后转动主指令拨盘，即可选择不同的白平衡模式

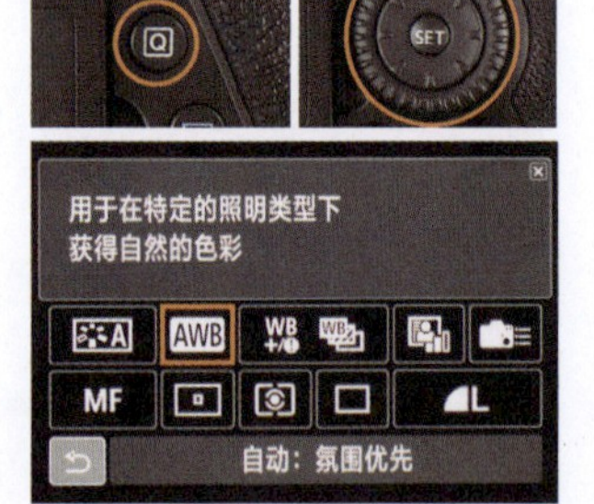


佳能相机白平衡设置方法：按下Q按钮显示速控屏幕，使用多功能控制钮选择白平衡选项，然后转动速控转盘或主拨盘选择所需的白平衡模式

索尼相机白平衡设置方法：按Fn按钮显示快速导航界面，按▲▼◀▶方向键选择白平衡模式图标，然后转动控制拨轮选择不同的白平衡模式

## 3.13.1 预设白平衡

相机常见的白平衡模式包括自动模式、日光 / 晴天模式、阴天模式、钨丝灯模式和荧光灯模式等，摄影者可以根据拍摄时光源的种类进行选择。

在一般情况下，使用自动白平衡模式就可以获得不错的效果。如果在特殊光线条件下，自动白平衡模式可能不够准确，此时，应根据不同光线条件来选择不同的白平衡模式。

背阴/阴影白平衡：其色温值为7000K，在晴天的阴影中拍摄时，如大树的阴影下，由于其色温较高，使用阴影白平衡模式可以获得较好的色彩还原结果；反之，如果没有使用这个白平衡，则会产生不同程度的蓝色，即所谓的“阴影蓝”

闪光灯/使用闪光灯白平衡：其色温值为6000K，此白平衡模式针对以闪光灯为主光源的拍摄，能够起到较好的色彩还原结果。注意，不同的闪光灯，其色温也不相同，因此还要做实拍测试，才能确定色彩还原的准确性

阴天白平衡：其色温值为6000K，适用于云层较厚的天气，或阴天的环境

晴天/日光白平衡：其色温值为5200K，适用于空气较为通透或天空有少量薄云的晴天，但如果在正午时分，环境的色温已经达到5800K，或者日出前、日落后，色温仅有3000K左右，此时使用曝光白平衡很难得到正确的色彩还原结果

白炽灯/钨丝灯白平衡：其色温为3200K，适合拍摄与其对等的色温条件下的场景，而拍摄其他场景会使画面色调偏蓝，严重影响色彩还原

荧光灯/白色荧光灯白平衡：其色温值为4000K，色彩偏红，如果拍摄暖调照片，这种模式最适合不过了，但在晴天下使用该模式拍摄效果则相反

## 3.13.2 自定义白平衡

在需要精确获得当前环境下的白平衡时，可以 18% 的灰板或纯白的对象作为参考来定义白平衡，以避免出现画面偏色的现象，正确还原物体的颜色。

尼康和佳能相机自定义白平衡的方法不同，下面分别讲解其操作方法。

### 尼康相机自定义白平衡的方法

以 Nikon D7500 为例，它通过拍摄的方式来自定义白平衡的方法如下。

① 在机身上将对焦模式开关切换至 M（手动对焦）方式，然后将一个中灰色或白色物体放置在用于拍摄最终照片的光线下。

② 按下 WB 按钮，然后转动主指令拨盘选择自定义白平衡模式 PRE。旋转副指令拨盘直至显示屏中显示所需白平衡预设（d-1 至 d-6），如此处选择的是 d-1。

③ 短暂释放 WB 按钮，然后再次按下该按钮直至控制面板和取景器中的 PRE 图标开始闪烁，表示可以进行自定义白平衡操作了。

④ 对准白色参照物并使其充满取景器，然后按下快门拍摄一张照片。

⑤ 拍摄完成后，取景器中将显示闪烁的 Gd，控制面板中则显示闪烁的 Good，表示自定义白平衡已经完成，且已经被应用于相机。

**提示**

在实际拍摄时灵活运用自定义白平衡功能，可使拍摄效果更自然，这要比使用滤色镜获得的效果更自然，操作也更方便。但值得注意的是，当曝光不足或曝光过度时，使用自定义白平衡可能无法获得正确的色彩还原。此时控制面板和取景器中将显示NO Gd字样，半按快门按钮可返回步骤④并再次测量白平衡。在实际拍摄时，如果使用18%灰卡（市场有售）取代白色物体，可以获得更精确的自定义白平衡。

**尼康相机自定义白平衡设置方法**

❶ 切换至手动对焦模式

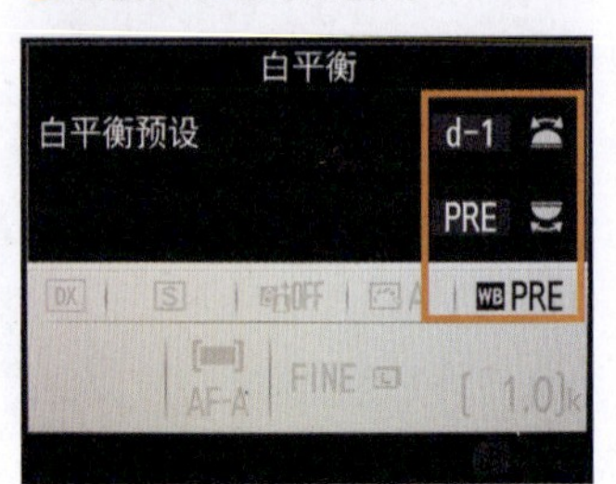


❷ 切换至自定义白平衡模式

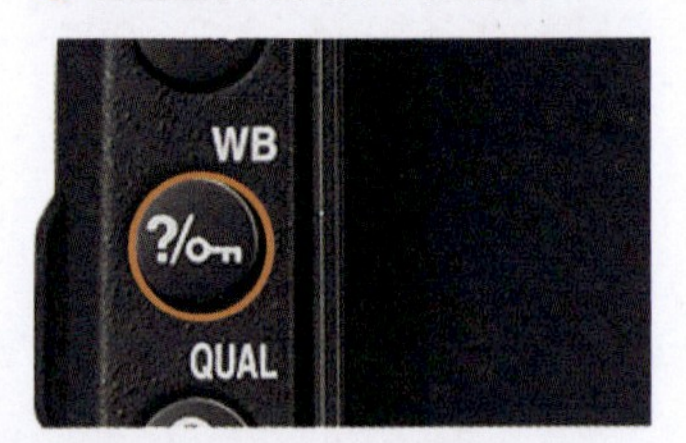


❸ 按住?/⊶（WB）按钮

20mm F7.1 1/400s ISO100

利用自定义白平衡拍摄出理想的夕阳画面，强烈的冷暖对比使画面产生了强烈的视觉冲击力

## 佳能相机自定义白平衡的方法

以 Canon EOS 80D 为例，自定义白平衡的操作步骤如下。

① 在镜头上将对焦方式切换至 MF（手动对焦）方式。

② 找到一个白色物体，然后半按快门对白色物体进行测光（此时无须顾虑是否对焦的问题），且要保证白色物体应充满中央的点测光圆（即中央对焦点所在位置的周围），按下快门拍摄一张照片。

③ 在“拍摄菜单 2”中选择“自定义白平衡”选项。

④ 此时要求选择一幅图像作为自定义的依据，选择步骤②中拍摄的照片并确定。

⑤ 要使用自定义白平衡模式，可以在“白平衡”菜单中选择“用户自定义”选项即可。

45mm F9 1/250s ISO100

在室内拍摄时，为纠正偏色的现象，使用自定义白平衡模式，拍摄的画面颜色还原正常

### 佳能相机自定义白平衡设置方法

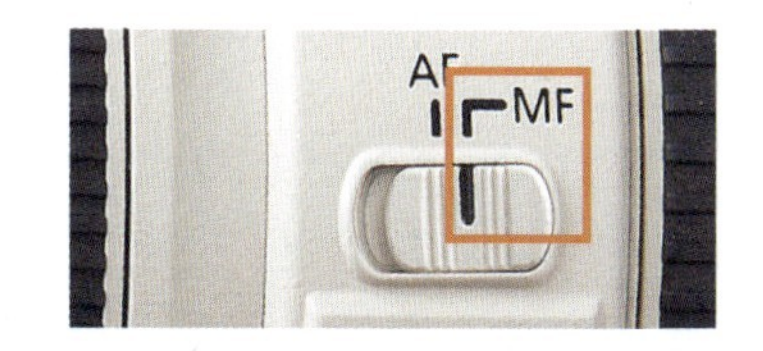


❶ 将镜头上的对焦模式切换为 MF

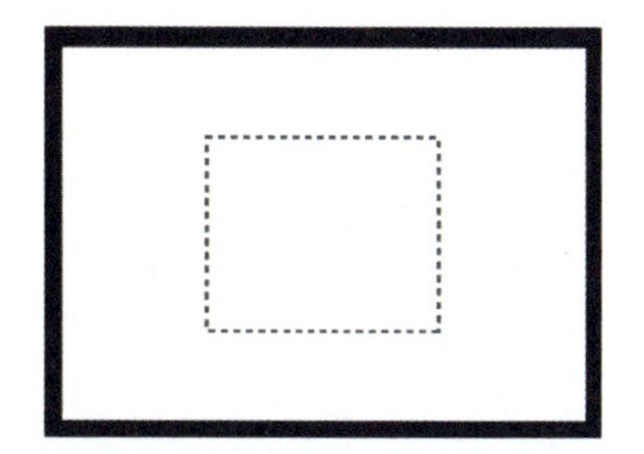

❷ 对白色对象进行测光并拍摄

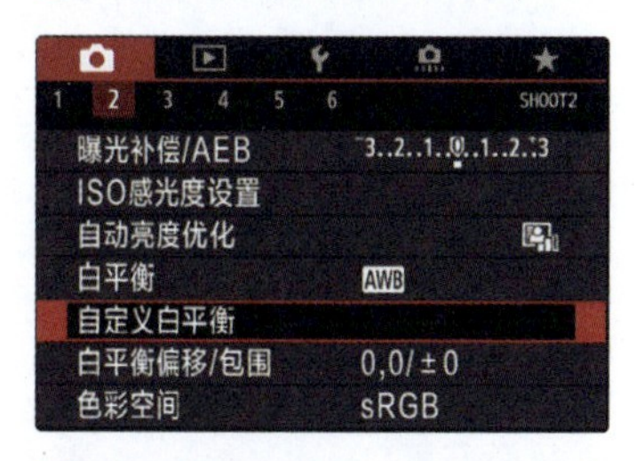


❸ 在“拍摄菜单 2”中选择“自定义白平衡”选项

❹ 选择一幅图像作为自定义白平衡的依据，然后点击屏幕上的 SET 按钮确认

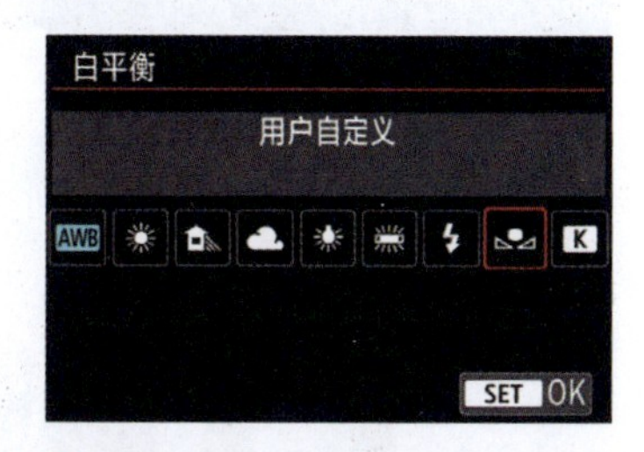


❺ 若要使用自定义的白平衡，选择“用户自定义”选项即可

## 3.13.3 什么是色温

简单来说，色温就是指光线中包含红光或蓝光的量，它与常规意义上的温度没有关系。色温低表示含红橙光比较多；反之，色温高表示含蓝紫光比较多。

光线的色温影响到了最终物体呈现出来的色彩。例如，对于一张白纸，虽然无论在什么色温下，都会认为它是白色的，但实际上，如在烛光的照射下，白纸受其影响会呈现出红橙色彩；再如，晴天的海面通常会呈现出高色温的冷调效果，这是受白天太阳光照的影响所致，而到了傍晚，太阳光表现为强烈的橙红色，此时，海面也会随之发生色彩的变化。

17mm F9 1/20s ISO800

设置合适的色温为室内营造出一种清爽的感觉

色温值为2700K

色温值为3500K

色温值为5500K

色温值为6500K

色温值为7500K

色温值为8500K

## 3.13.4 手调色温

在预设的白平衡模式中，预设色温比手动调整的范围要小一些，因此，当需要一些比较极端的效果时，预设的白平衡就显得有些力不从心，此时就可以手动进行调整。

佳能、尼康相机为色温调整白平衡模式提供了 2500~1000K 的调整范围，索尼相机为色温调整白平衡模式提供了 2500~9900K 的调整范围，可以根据实际色温和拍摄要求进行精确调整。

100mm F16 1/400s ISO100

利用手调色温在同一个地方拍了几张不同色彩的画面

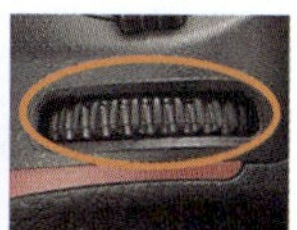

尼康相机色温设置方法：按下WB按钮并同时旋转主指令拨盘选择K（选择色温）白平衡模式，再旋转副指令拨盘调整色温值

佳能相机色温设置方法：按下Q按钮显示速控屏幕，使用多功能控制钮选择白平衡选项并按下SET按钮，按下◀或▶方向键选择色温选项，然后转动主拨盘可调整色温数值，完成调整后按下SET按钮确认

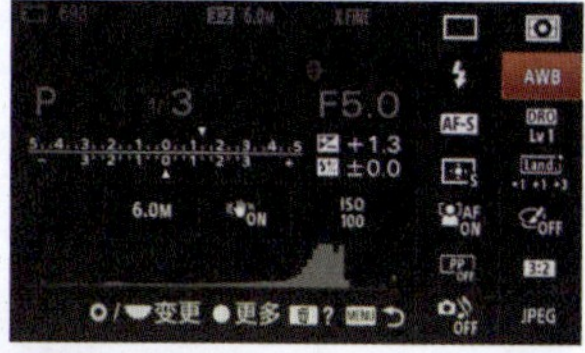

索尼相机色温设置方法：按Fn按钮显示快速导航界面，选择白平衡模式并按控制拨轮中央按钮，按▲或▼方向键选择色温/滤光片选项，然后按▶方向键进入色温值选择界面

# 第4章 掌握构图、用光与色彩

# 4.1 构图都包含哪些元素

## 4.1.1 一张照片的核心——主体

拍摄照片肯定是要表达自己的某一个想法、中心思想或主题。通常，画面的主题需要通过一个主角来具体表现，这个主角也就是画面的主体。摄影中的“主体”指，拍摄中所关注的主要对象，既是画面构图的主要组成部分，又是集中观者视线的视觉中心和画面内容的主要体现者，还是使人们领悟画面内容的切入点。它既可以是单一对象，又可以是一组对象。

从内容上来说，主体可以是人，也可以是物，甚至还可以是一个抽象的对象；而在构成上，点、线与面都可以成为画面的主体。主体是构图的行为中心，画面构图中的各种元素都围绕着主体展开，因此，主体有两个主要作用，一是表达内容，二是构建画面。

简单来说，构图就是为了表现主体而存在的。构图是否合理，就在于画面能否突出主体并且有一定的美感。

例如下面4张照片，图1中的主体是首饰，图2中的主体是盘中的甜点，图3中的主体是叶子，图4中的主体则是花朵。

图1

图2

图3

图4

## 4.1.2 为突出主体而存在的陪体

所谓“陪体”，通常是用来衬托、美化画面主体的。因此，选择陪体也非常重要，只有恰当地运用陪体，才能让画面更丰富，并为画面渲染不同的气氛。

一般来说，陪体分为两种，一种是和主体相一致或加深主体表现，来支持和烘托主体的；另一种是和主体相互矛盾或背离的，拓宽画面的表现内涵，其目的依然是为了强化主体。简单来说，是否加入陪体以及如何加入陪体的唯一标准，就是能否增强主体的表现力。

摄影作品对于陪体的表现也有一定的要求，陪体必须是画面中的陪衬，用于渲染主体，并同主体一起构成特定情节的被摄体。它是画面中同主体联系最紧密和最直接的次要拍摄对象。但值得注意的是，陪体在画面中的表现力不能强于主体，不能本末倒置。当然，陪体不是必要的元素，某些特定的画面并不需要出现陪体。

85mm F2.8 1/320s ISO200

在这幅人物照片中，左下角的两串小风车即为画面的陪体，辅助表现画面的甜美、阳光主题

# 4.2 为什么构图要简洁

构图为什么要简洁？归根结底是因为，一张照片如果想抓住观者的注意力，就一定要有陌生感。何为陌生感?就是跟各位在日常生活中看到的景象不一样。例如，一个很普通的杯子，在办公桌上看到的这个杯子，和买这个杯子时，在广告图片上看到的有区别，这就是一张照片的陌生感。

为何陌生感一定要使画面简洁呢？因为平常大家看到的景象太丰富了。还是以办公桌上的那只杯子为例，在观看时不可避免地会把周围的文件、计算机和键盘都纳入视野，谁也不会为了只看杯子而把视野中其他范围的视角蒙住，但是，摄影可以把大家不想看到的东西统统排除在画面之外，从而使照片展现的画面与日常看到的实景不太一样，这也就是构图核心是使画面简洁的原因。

50mm F2 1/1000s ISO100

使用大光圈虚化背景，得到纯净的背景，使白色花束在画面中凸显出来

# 4.3 是该离近点还是离远点

在确定构图形式之前，首先应该考虑拍摄的距离，在选择不同的距离拍摄要表现的场景或主体时，画面中场景或主体的表现效果也不会一样，因此，选择合理的拍摄距离非常重要。

拍摄距离用专业的摄影语言讲就是景别，分远景、全景、中景、近景以及特写 5 种。

A远景　B全景　C中景　D近景　E特写

## 4.3.1 善于展现气势的远景

拍摄远距离景物的广阔场面的画面称为“远景”，远景拍摄能够将画面主体全部纳入画面。

拍摄远景在很大程度上是要表现画面的整体气势，所以在拍摄时要从大处着眼，以气势取胜。站在高处，采用俯视角度通常会有较好的表现。

远景画面的特点是空间大、景物层次多、主体形象矮小、陪衬景物多，能够在很大范围内全面地表现环境。在构图中要关注画面中的线条，注意“远取其势，大处着眼”，寻找具有概括力的形象，并提炼景物大的线条、轮廓等，如江湖河道走向、山岳起伏形成的线条；图案选择要注意，如田野、特殊地形、云层彩霞等重要因素。通过在画面中合理布置这些线条和图案来为画面增加形式感。

下图就通过远景很好地表现了沙漠的壮阔美。

15mm F8 1/200s ISO500

以宽画幅的远景来表现戈壁的整体风貌

## 4.3.2 完整展现全貌的全景

全景是指在距离被摄体较远的位置拍摄，凡是能够捕捉到对象全貌的画面统称为“全景”。相比远景，全景更易于表现主体与环境之间的密切关系，由于拍摄全景的距离比远景近，所以画面范围也小，主体大，陪体数量少。

全景的范围大小取决于拍摄体的体积。全景的表现形式很多，小到表现一只蚂蚁，大到汽车、桥梁，只要是将拍摄对象的全部面貌展现在照片中，就可以称为“全景照”。

处理全景画面时要确保主体形象的完整性。拍摄时既要避免“缺边少沿”，破坏事物外部轮廓线的完整；也不能“顶天立地”，要在主体周围保留适当的空间。

例如，下面这张照片对岳阳楼进行了全面的描述。可以看到作为主体的岳阳楼完整地出现在画面中，并且清晰地交代了周围的环境，是一幅典型的全景风光照片。

35mm F8 1/400s ISO320

以全景表现建筑物，是常用的拍摄景别

## 4.3.3 最常用的中景

中景通常是指选取拍摄主体的大部分，从而对其细节表现得更加清晰，同时，画面中也会拥有一些环境元素，用于渲染整体气氛。

与全景相比，中景画面容纳景物的量少，在交代环境方面明显不足，气势方面也相对弱了许多，但中景画面的主体要比全景高大、突出，这也就是很多报刊喜欢用中景照片来表现主题的原因。

50mm F3.5 1/200s ISO200

中景可以较好地突出人物，且对周围环境也有一定的表现

## 4.3.4 强调画面感染力的近景

采用近景拍摄时，环境所占的比例非常小，对主体的细节、层次与质感表现较好，画面具有鲜明、强烈的感染力。

近景画面的环境空间已完全处于陪衬地位，主体得以进一步突出，有一种强行“放大”的感觉，进一步加强了对观者视觉的“强制性”。

如果以人体来衡量，近景拍摄主要是拍摄人物胸部以上的区域。

50mm F4 1/160s ISO200

通过近景拍摄，很好地表现了模特的神秘感

## 4.3.5 展现局部美的特写

特写可以说是专门为刻画细节或局部特征而设计的一种景别，在内容上能够以小见大，而对于环境，则表现得非常少，甚至完全忽略了。

需要注意的是，因为特写景别是针对局部进行拍摄，有时甚至会达到纤毫毕现的程度，因此，对拍摄对象的要求会更为苛刻，以避免细节不完美而影响画面的效果。

在拍摄特写照时，一定要注意将对焦点选择在画面要重点表现的位置，因为近距离拍摄时，除焦点及附近位置清晰外，其他区域均为虚化状态。如果焦点位置不准确，会导致重点表现区域不清晰，那么这张照片也就毫无美感可言了。

85mm F4 1/320s ISO100

以特写方式表现门环，将其精细的雕刻装饰都表现出来了

# 4.4 灵活选择拍摄角度

“拍摄角度”是指以拍摄对象为中心，在同一水平面上围绕拍摄对象取景。选择不同的拍摄角度，可以展现拍摄对象不同侧面的形象以及主体、陪体、环境之间的关系。

拍摄角度一般包括5种：正面、斜侧面、侧面、背面、背侧面。

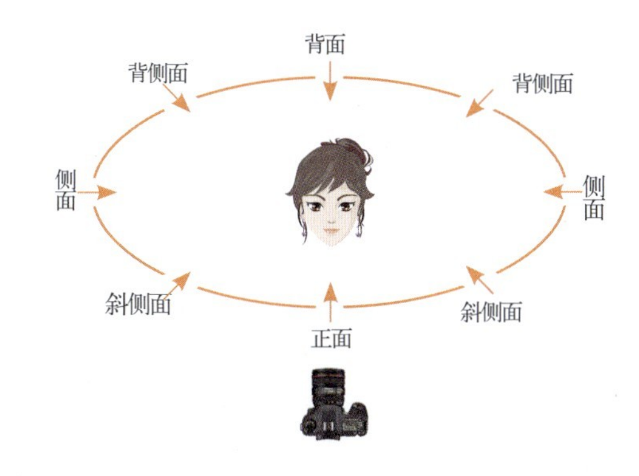


## 4.4.1 正面拍摄讲故事

正面角度是体现物体外部特征最主要的角度，它可以毫无保留地再现被摄体的正面全貌或局部面貌。正面角度拍摄人物可以展示人物的面部表情和正面的动作姿态；正面角度拍摄建筑物，则能突出其宏伟的气势和对称的美。

正面角度的画面往往呈现出静态感，适合表现安静、庄重、严肃的主题，如会议、仪式等。另外，从正面角度拍摄，往往可直面观众的主观视点，从而使画内与画外产生交流，从而产生故事感。

但是，正面角度不利于表现画面的空间感和立体感，因为观者只能通过照片看到物体的一个面，无法体现事物的多面性，画面容易显得平淡、呆板。另外，正面角度下拍摄运动的物体时，只能表现其正面的姿态，难以表现运动的方向和前后的空间，因此也不利于表现运动。

50mm F2.8 1/400s ISO100

用正面表现模特的笑容，让人感受到她的甜美

## 4.4.2 斜侧面拍摄表现立体感

斜侧面角度往往是指介于正面与侧面之间的角度，它能够同时表现出拍摄对象正面和侧面的形象特征，以及丰富多样的形态变化，一般具有以下优点。

斜侧面角度可以弥补正面、侧面结构形式的不足，使画面显得生动、活泼、多变。从斜侧面角度拍摄人像作品，能够表现出人物面部的主要特征、立体感以及轮廓特点。拍摄时倾斜的角度还可以矫正人物面部的缺陷，如将人物及照明光源的倾斜角度加大，可以使较胖的人物显瘦。

斜侧面角度能使相互联系的事物分出主次关系，可以利用斜侧面角度下远离镜头的部分弱化这个特点，并结合光线照明，将不利于主题表现的部分放在远离镜头的一侧，即“藏拙”。

斜侧面角度还可以形成物体影像的“近大远小”“线条汇聚”等有利于表现空间透视、空间深度的特征，有利于表现画面的空间透视感和物体的立体感，拍摄时如果结合俯视角度效果会更加明显。

35mm F4 1/500s ISO200

面部轮廓很立体的人，适合从人物的斜侧面拍摄

28mm F5.6 1/200s ISO400

这张表现故宫建筑物的照片，通过侧面拍摄以及光影的明暗变化，充分表现了建筑物的立体感

## 4.4.3 侧面拍摄重在轮廓

侧面角度是从被摄体的正侧面进行拍摄的角度，经常用来勾勒物体的轮廓线，强调动作线、交流线的表现力，具有以下优点。

■侧面角度有利于表现人或事物的动作姿态。

■侧面角度能清楚地交代动体的方向性和事物之间的方位感。用侧面角度拍摄时，被摄体的朝向、运动方向或画面人物的视线焦点都被安排在画面一侧，从而为画面留出了运动空间，使运动具有明确的方向性。

■侧面角度有利于展现被摄体的轮廓特征，观者往往能从侧面看出事物富有特征的外貌和轮廓，如人、茶壶、轮船等。

另外，侧面角度配合中景，可使画面中的不同对象都得到充足的表现，从而能够交代清楚相互交流的事物之间的方位、动作关系。

侧面角度常被用于勾勒被摄体的轮廓线。例如，展现出人、马等形体优美且富有特征的线条。此外，这种角度被用于强调动体的方向性和事物之间的方位感，在拍摄时要在运动方向或者视线方向留有更多的空间，但如果想表现压迫感，那么减少视线方向的空间会有更好的效果。

20mm F8 1/640s ISO200

从情侣的侧面拍摄，以剪影的形式表现出他们的身体轮廓

## 4.4.4 背面拍摄显内涵

背面角度即从物体的背后拍摄，是一种较少被采用的角度；往往能给观者留下充足的想象和思考空间，让画面显得更有韵味。要想对这个角度有深入的理解，不妨再读一下朱自清的经典文章——《背影》。

背面角度往往具有一定的悬念效果。当人们对事物的背面产生兴趣时，往往会更希望知道其正面状况。

背面角度还具有借实写意的效果，它通过事物背影的具象向观者传达画外之意，往往具有深刻的立意。

使用背面角度拍摄人像时，观者可以看到主体人物及其面对的人和事，会更容易体会到主体人物的所思所想。但为了画面的美感，在采用背面角度时要提炼出轮廓或者光影的形式美。

40mm F6.3 1/200s ISO200

从正在马路上走向前方的女孩背后拍摄，使画面出现道路的延伸线及远处的山，画面表现出了意境感

## 4.4.5 背侧面角度

背侧面角度是最少用的一种拍摄角度，既没有只拍背面的韵味，也没有侧面的轮廓美。也正因为运用极少，所以一旦采用背侧面拍摄出不错的照片，往往都有着拍摄者很强的主观性，非常适合表达自己的观点、思想、情感。

在这里并不是说其他角度就不适合表达观点、思想，而是强调采用背侧面拍摄的照片往往需要有强烈的主观性表达才会让观者眼前一亮。

35mm F3.5 1/320s ISO160

在这个场景和光线下，摄影师从模特的背侧面拍摄，既能表现出暖黄的阳光效果，也能使人物具有一定的细节

# 4.5 10种常用的基础构图技巧

## 4.5.1 最经典的黄金分割构图

黄金分割法是构图方法中最经典的一种，该构图方法源自一种数学上的比例关系，但它所拥有的艺术性、和谐性及蕴藏的美学价值，也同样适用于记录并展现美的摄影领域。

运用黄金分割法构图时，摄影师可将画面表现的主体放置在画面横竖1/3等分的位置，或者其分割线交叉产生的4个交点位置，处于画面视觉兴趣点上，以引起观者的注意，同时避免长时间观看而产生的视觉疲劳。

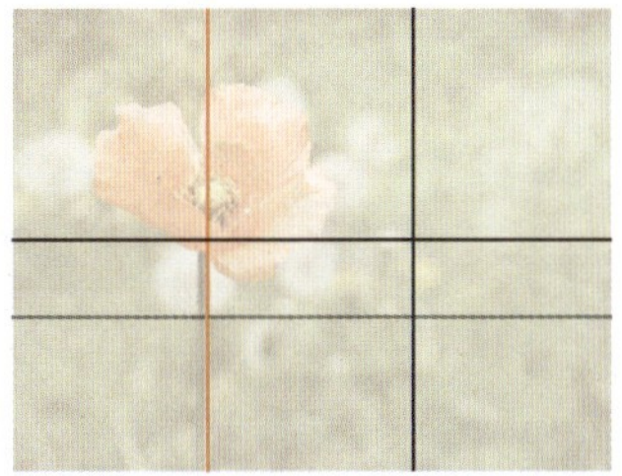

200mm F4 1/250s ISO100

将花朵置于画面的黄金分割点的位置，成为画面的兴趣点

## 4.5.2 展现柔美之姿的曲线构图法

曲线象征着柔和、浪漫和丰满，给人以美感。曲线构图包括规则曲线构图和不规则曲线构图，其表现方法是多样的，有对角式、S式、横式和竖式等，当曲线和其他线形综合运用时，效果会更为突出。

例如右侧这张照片，通过明暗分布展现出建筑局部的曲线结构，搭配顶部的直线结构，给观者以刚柔并济的视觉感受，画面的线条美感十分突出。如果单独拍摄顶部呈直线的钢结构，画面就会生硬许多，失去柔美之感。

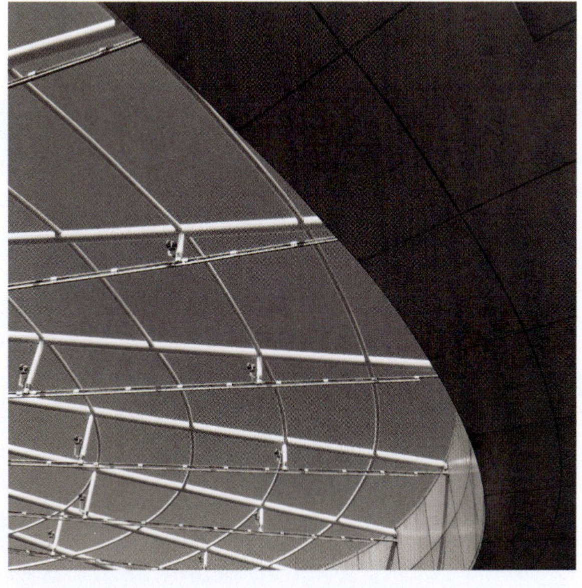

200mm F5.6 1/160s ISO200

拍摄建筑物的局部造型，在画面中形成曲线，让画面灵动起来

## 4.5.3 水平线构图

水平线条善于表现平静与稳定的画面，会给观者一种静默的感觉。从某种意义上讲，水平线构图其实是黄金分割法构图的一种表现形式，将水平线放置在画面的1/3处可以有效突出主体，并防止画面看上去很呆板。

水平线最常见的表现形式是地平线，有时为了表现绝对的均衡，将地平线放在画面中央反而是较好的选择。毕竟构图不是生搬硬套，要根据拍摄画面进行合理构图。

在地平线的位置确定后，接下来就要端平相机进行拍摄了，不能让地平线有一点倾斜。这也是很多人常犯的问题，拍摄的大多数照片都是歪斜的。

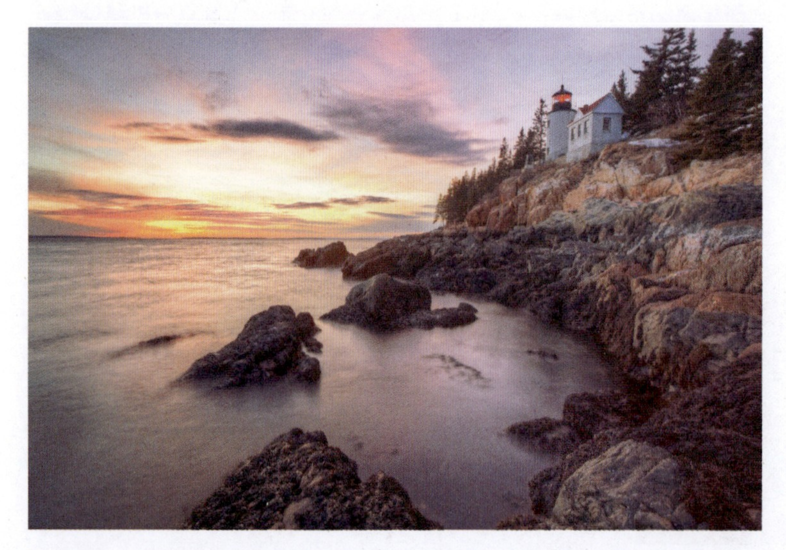

17mm F9 1s ISO100

在拍摄海景时，使用水平线构图和横画幅最合适，可以非常好地表现出景物的宽阔

## 4.5.4 垂直构图

画面中的垂直线条往往带有高大、坚定和富有生命力等寓意，将画面一分为二的垂直线能创造强烈的形式感。

在拍摄时需要注意，不能让不同层次的线条产生叠加关系，如在拍摄人像时，被摄者头顶“长”出一棵树来，将会成为画面的硬伤。同样，在利用垂直构图时，将相机拿正，保证线条是竖直状态也是重中之重。

50mm F5 1/100s ISO400

树林中的一棵棵树自然地形成一排垂直线，表现出树木的高大

## 4.5.5 富有动感的斜线构图

斜线构图能够表现出较强烈的运动趋势，并且暗示运动的方向。相对于横平竖直的线条，斜线构图会更多地表达倾斜、不稳定或动感。

斜线构图的应用不仅限于主体，例如右侧这张照片，斜侧面拍摄大桥，使桥梁在画面中形成一条斜线，让观者感受到桥梁的跨度，同时画面也不显死板，这也正是斜线构图的魅力所在。

25mm F5.6 1/1000s ISO200

以斜线构图来表现大桥的跨度，同时画面也不显得呆板

## 4.5.6 营造众妙之门的框式构图

框式构图，即利用被摄体本身或者周围的环境，在画面中营造出框形的构图技巧，框式构图可以将观者的视点汇聚在框内的主体上。

很多精彩的框式构图照片都有一种浑然天成的感觉，既能够吸引人，又能给人非常舒服的视觉感受。

在拍摄时可以寻找纯天然的“框”，例如门和窗等框形物体，树枝及阴影等也可以被当成框式构图的道具。框式构图不一定是封闭式的，也可以是开放的或不规则的。

框式构图不仅可以汇聚观者视线，还可以营造很好的画面层次感。

20mm F9 1/160s ISO125

以天然的岩石洞为前景，形成椭圆形的框架，将远处的景物包围其中，让画面变得更有层次感

## 4.5.7 表现空间感的牵引线构图

牵引线是指画面中向某一点汇聚的线条，它能强烈地表现出画面的空间感，使观者在二维的图片中感受到三维的立体感。透视牵引线会将观者的视线引至画面主体，达到突出主体的目的。

利用牵引线进行构图的重点在于，要善于发现牵引线。只要仔细观察就不难发现，生活中到处都是牵引线，例如围栏、墙壁和装饰性的彩带等，这些都是向一个方向延伸的线状结构。

17mm F8 1/100s ISO200

以走廊线条作为牵引线，将观者视线引向主体的同时，也为画面提供了很强的空间感

## 4.5.8 形散而神不散的散点构图

散点式构图看似很随意，但一定要注意点与点的分布要比较匀称，不能有一边很密集，一边很稀疏的情况出现，否则画面会给人一种失重的感觉。

为了能够让画面更美观，采用散点式构图时，点与点之间要有一定的变化，例如，大小对比或颜色对比，否则画面会让人感觉很呆板。

这种构图形式常用于拍摄花卉、灯以及糖果等静物题材。

35mm F5 1/100s ISO160

俯视以散点式构图拍摄大大小小的花朵，画面非常漂亮

## 4.5.9 展现形式美的三角形构图法

三角形构图是很常用的一种构图方式。根据三角形的位置不同，它可以令画面产生稳定感或者动感。最常见的莫过于拍摄山岳时使用三角形构图，但三角形构图绝不仅限于拍摄“三角形的景物”，更多的要从拍摄角度来发现场景中的三角形。

35mm F10 1/500s ISO100

这张拍摄故宫的照片，通过巧妙地调整拍摄角度，在画面右下侧形成三角形构图，同样是故宫红墙，但画面却增添了不少新意

## 4.5.10 塑造均衡之美的对称式构图

对称式构图是指画面中的两部分景物，以某一条线为轴，在大小、形状、距离和排列等方面相互平衡和对等的一种构图形式。

通常采用这种构图形式来表现拍摄对象上下（左右）对称的画面，这些对象本身就有上下（左右）对称的结构，如鸟巢和国家大剧院就属于自身结构是对称形式。因此，摄影中的对称构图实际上是对生活中美的再现。

还有一种对称式构图是由主体与水面倒影或反光物体形成的对称，这样的画面给人一种协调、平静和秩序感。

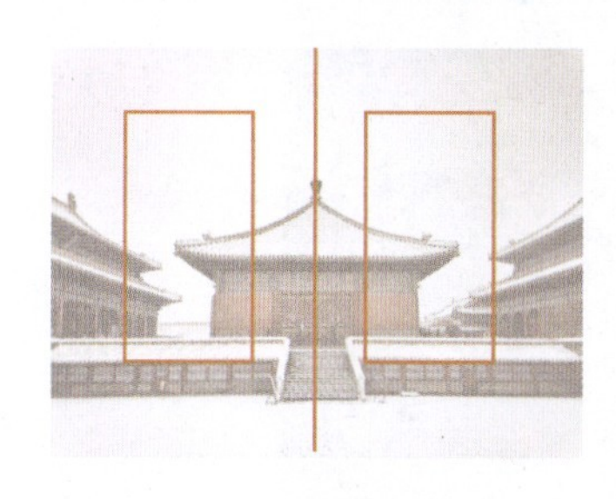

50mm F7.1 1/250s ISO400

基本上所有的皇家建筑物都追求极致的对称，拍摄时选择合适的角度即能拍出对称式构图的画面

# 4.6 依据不同光线的方向特点进行拍摄

## 4.6.1 重在表现色彩的顺光

当光线照射方向与相机拍摄方向一致时，此时的光即为顺光。

在顺光照射下，景物的色彩饱和度很高，拍出来的画面通透、颜色亮丽，适合拍摄颜色鲜艳的花卉。

很多摄影初学者很喜欢在顺光下拍摄，除可以拍出颜色亮丽的画面外，因其没有明显的阴影或投影，所以很适合拍摄人像，可以使其面部没有阴影。

但顺光也有其不足之处，即在顺光照射下的景物受光均匀，没有明显的阴影或者投影，不利于表现景物的立体感与空间感，画面较呆板乏味。

为了弥补顺光的缺点，需要让画面层次更加丰富，例如，使用较小的景深突出主体，或在画面中纳入前景来增加画面层次，或利用明暗对比的方式，以深暗的主体景物配明亮的背景或前景，或以明亮的主体景物配深暗的背景。

顺光示意

50mm F3.2 1/200s ISO100

顺光下，女孩的面部受光很均匀，没有明显的阴影

## 4.6.2 重在表现立体感的侧光

当光线照射方向与相机拍摄方向呈90°角时，这种光线即为侧光。

侧光示意

侧光是风光摄影中运用较多的一种光线，非常适合表现物体的层次感和立体感。原因是在侧光照射下，物体的受光面在画面中形成明亮部分，而背光面形成阴影部分，明暗对比明显。

物体处在这种光照条件下时，轮廓比较鲜明，纹理也很清晰，立体感强，因此，用这个方向的光线进行拍摄最容易出效果，很多摄影爱好者都用侧光来表现建筑物、大山的立体感。

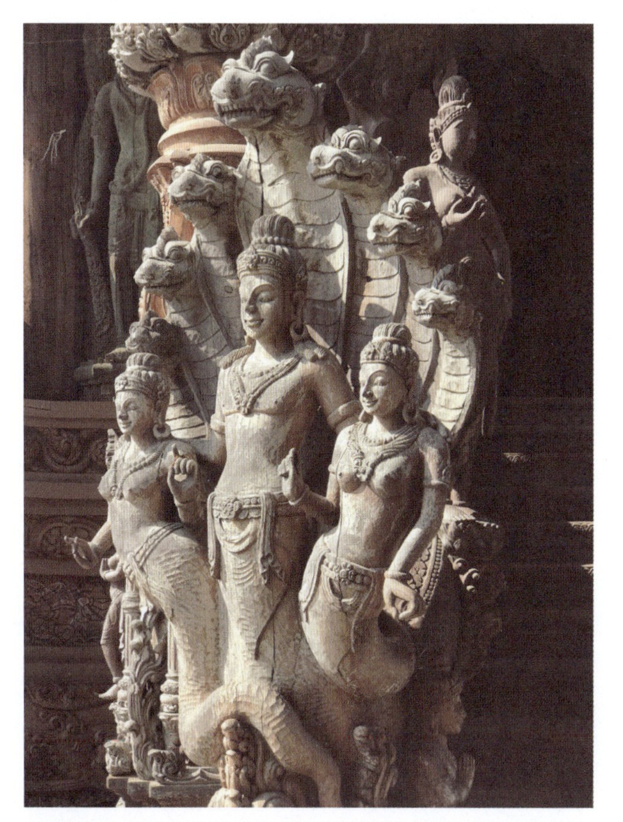
135mm F5 1/400s ISO100

侧光下，木雕人物的立体感很强

## 4.6.3 重在表现轮廓的逆光

逆光就是从被摄体背面照射过来的光，被摄体的正面处于阴影部分，而背面处于受光面。

逆光示意

在逆光下拍摄，如果让主体曝光正常，较亮的背景就会过曝；如果让背景曝光正常，那么主体往往很暗、缺失细节，形成剪影。

所以，逆光下拍摄剪影是最常见的拍摄方法，拍摄时要注意以下两点。

第一，在逆光拍摄时，需要特别注意强烈的光线进入镜头时，画面容易产生眩光。因此，拍摄时应该随时调整相机的拍摄角度，查看画面中是否有眩光。

第二，在拍摄剪影时，测光位置应选择在背景相对明亮的地方（一般是天空部分），若想剪影效果更明显，则可以减少曝光补偿。

35mm F8 1/1000s ISO200

在逆光下，树木与人物都形成了剪影效果，在夕阳的衬托下，画面更加唯美

# 4.7 依据光线性质表现画面

## 4.7.1 用软光表现唯美画面

软光实际上就是没有明确照射方向的光，如阴天、雾天、雾霾天的天空光或者添加了柔光罩的人造灯。

在这种光线下拍摄的画面没有明显的受光面、背光面和投影关系，在视觉上明暗反差小，影调平和，适合拍摄唯美画面。例如，在人像拍摄中常用散射光表现女性柔和、温婉的气质和娇嫩的皮肤质感。在实际拍摄时，建议在画面中制造一点亮调或颜色鲜艳的视觉趣味点，这样可以使画面更生动。

50mm F5.6 1/100s ISO200

表现女孩子的温柔、恬静，通常用软光

## 4.7.2 用硬光表现有力度的画面

当光线没有经过任何介质散射或反射，直接照射到被摄体上时，这种光线就是硬光，其特点是明暗过渡区域较小，给人以明快的感觉。

直射光的照射会使被摄体产生明显的亮面、暗面与投影，因而画面会表现出强烈的明暗对比，从而增强景物的立体感。硬光非常适合拍摄表面粗糙的物体，特别是在塑造被摄体“力”和“硬”的气质时，可以发挥直射光的优势。

28mm F8 1/1250s ISO100

在硬光下，画面的色彩很鲜艳、通透

# 4.8 色彩的对比

## 4.8.1 原色对比

自然界的景物都对三原色（红、绿、蓝）进行不同的吸收或反射，人眼视网膜中椎体细胞对三原色同样有吸收和反射功能，故三原色是色彩形成的基础。在彩色摄影的画面构成中，如果将三原色组合在一起，可以获得鲜艳、明快的感觉，例如，在拍摄红花时使用绿叶作为衬托，红色花朵的色彩会更加鲜艳、突出。

另外，对于其色彩在画面中所占面积大小也要适度控制和处理，避免出现均等比例的构成形式。要使其中一种色彩作为画面的主要基调占据较大比例的面积，从而避免了视觉效果的杂乱。

18mm F11 1/250s ISO100

蓝天、白云、绿地，画面形成了一定的对比效果，让人心旷神怡

## 4.8.2 晦暗与明艳的对比

晦暗与明艳的对比指的是，利用色彩的明度对比、纯度对比进行构图。明度对比是利用颜色的明暗程度进行对比来突出主体的，包括同一色相在不同光照下产生的不同明度的对比，也包括不同色相上的明度差距的对比；纯度对比即饱和度对比，利用色彩之间的纯、灰饱和度对比，从而凸显主体。

17mm F10 1/500s ISO100

前景处被闪光灯照亮的黄色郁金香与背景中压暗的天空形成了对比，画面的视觉冲击力比较强

# 4.9 色彩的和谐

## 4.9.1 邻近色的运用

在色环上临近的色彩相互配合，如红、橙、橙黄，蓝、青、蓝绿，红、品、红紫，绿、黄绿、黄等色彩的相互配合，由于它们反射的色光波长比较接近，不会引起明显的视觉跳动，故将它们相互配置在一起使用不仅没有强烈的视觉对比效果，而且还会使画面显现得比较和谐，获得平缓与舒展的视觉感受。

50mm F14 1/200s ISO100

黄色、绿色与青色是邻近色，所以它们组成的画面让人很舒适

## 4.9.2 消色的运用

通常所指的消色即黑色、白色和灰色，运用消色和谐画面即运用消色去掉与鲜艳色彩之间的强烈对比关系。

例如，黑色对各种色光具有吸收、不反射、不干扰视觉的特性，将其运用到画面中，不仅可以弱化其多色彩的强烈对比关系，还可以保持或加强其色彩自身饱和度的呈现。

40mm F9 1/800s ISO100

在黑色的剪影衬托下，火红色的天空更吸引人

# 4.10 色彩在不同环境中的表现

色彩也是用光表现出来的，在不同的光影下就会有不同的色彩感觉，只要知道了它们的关系并加以利用，也会使画面更加完美夺目。

## 4.10.1 雾天的色彩表现

雾天的光线属于漫射光线。此时阳光减弱，被摄体周围的散射光很强，景物的色彩变得柔和，色彩的纯度降低。在雾天时，景物几乎变为单色，在这种情况下，雾的本身就成了风景的重要组成部分。这种天气中景物所表现出来的柔和色调，有利于强调被摄场景的空间感。被摄体离观者越远，显得越柔和、明亮，色彩的纯度越低，而且往青蓝色调转化。

雾天可使背景的距离推远，影调变亮，并掩盖其细节，使照片的层次分明，更为简练。高调的色彩表现手法也是常被摄影师采用的，整个画面呈浅灰白色，形成素雅的高调气氛。一般情况下在拍这种照片时，摄影师都会增加曝光，在正常的曝光基础上增加 0.5~1 挡曝光补偿值，让主体和背景都稍微曝光过度，营造高调的画面效果。

70mm F3.5 1/60s ISO160

在湖面雾气的作用下，船只与远处的景物虚虚实实，让画面非常有意境美

## 4.10.2 清晨的色彩表现

清晨的阳光让人有一种苏醒的感觉，当它透过大气中的水汽，使光线变的柔和、温暖的时候，又会给人一种和谐、安静的心理感受。

清晨的色彩有很微妙的变化，它以蓝青色调为主，再加上受到阳光照射的部分先露出的品红色，使画面具有和谐、生动的色彩效果。

20mm F8 1/160s ISO320

清晨没有阳光的影响，湖景呈现出青色调，给人宁静之感

## 4.10.3 夕阳下的色彩表现

夕阳刚刚落下，还有余辉照射天空，透过云层形成漫反射照红了整个天空。如果再采用逆光拍摄，就可以更加强化主体的立体感。但一定要把握好画面中的亮部和暗部的对比，不能过强，如果需要可以在镜头上安装中灰渐变镜来获得平衡的画面。

70mm F7.1 1/500s ISO250

夕阳的余辉照在水面上，将其染成金黄色，两三只水鸟走在其中引起波澜，画面如同重彩油画般漂亮

# 第5章 人像摄影技巧

# 5.1 设置光圈的效果

## 5.1.1 小光圈表现环境

很多拍摄人像的摄影师都不喜欢用小光圈，因为它可以把背景也拍摄清晰，这样不利于表现主体。但小光圈在拍摄旅游纪念照，或需要交代模特所处环境时，就可以发挥非常重要的作用。在拍摄时，只要注意保持背景的简洁，合理地安排主体与背景的关系，一样可以拍出不错的作品。

24mm F18 1/250s ISO100

小光圈适合表现环境中的人物，可以更好地表现人物与环境之间的关系

## 5.1.2 大光圈虚化背景

大光圈在人像摄影中起着非常重要的作用，可得到浅景深的美丽虚化效果，同时，它还可以帮助我们在环境光线较差的情况下，保证使用更高的快门速度进行拍摄。

135mm F2.8 1/640s ISO200

大光圈虚化背景可以很好地突出人物，使画面更简洁

# 5.2 没有大光圈，怎样玩虚化

众所周知，使用大光圈可以使背景虚化，除此之外，还可以用别的方法使背景获得完美的虚化效果。下面介绍几个没有大光圈也能虚化背景的方法。

## 5.2.1 长焦镜头获得浅景深营造层次感

想要获得浅景深，除了使用大光圈，拍摄者还可以通过长焦镜头来获得。镜头的焦距越长，景深越浅；焦距越短，景深越深。根据这个规律，在拍摄时可以使用长焦镜头来获得想要的浅景深效果。拍摄人像时，如果长焦镜头配合大光圈使用，效果会更好，不但可以得到较浅的景深，还可以虚化掉不利于画面的元素，使画面虚实对比更强烈，使主体更加突出。

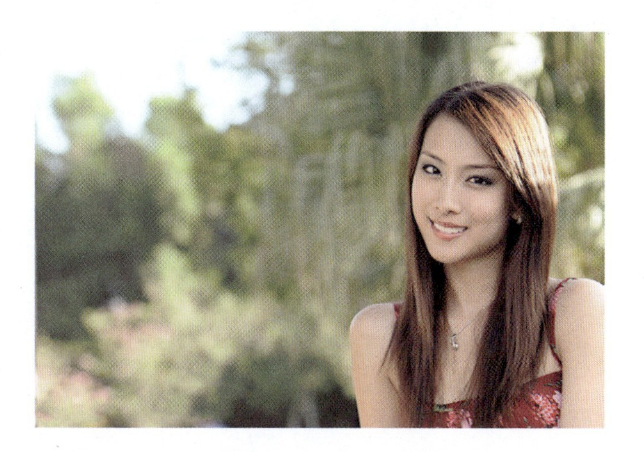

185mm F3.5 1/320s ISO100

使用长焦镜头拍摄可以使画面背景虚化，将人物安排在画面的三分线上，可以使主体更突出

## 5.2.2 靠近模特拍出虚化背景

想要获得浅景深，让背景得到虚化，最简单的方法就是在模特和背景距离保持不变的情况下，让相机靠近模特。这样可以轻易获得浅景深的效果，人物较突出，背景也得到了自然虚化。

但需要注意在实际拍摄的过程中，有些模特会因为离镜头太近，而感觉不自在，故表情和姿势都会不自然，这样拍摄出的照片很难获得理想的效果。此时，摄影师需要与模特进行沟通和交流，使模特放松，在模特慢慢放松的时候，迅速按下快门。

200mm F4 1/400s ISO100

通过两张画面的对比可以看出，距离模特较远的画面，背景虚化不是很明显，而靠近模特拍摄的画面，背景虚化效果非常明显

## 5.2.3 模特远离背景拍出虚化的背景

在相机位置不变的情况下，安排模特与背景保持一定的距离，也一样可以获得完美的浅景深效果。简单来说，模特离背景越远，就越容易形成浅景深，从而获得更明显的虚化效果。

200mm F4 1/200s ISO100

模特与环境有很好的互动，但由于离背景过近，所以背景虚化不是很理想

200mm F4 1/200s ISO100

模特与背景拉开一定距离后，画面中的背景虚化很显著，很好地突出了主体人物

## 5.2.4 选择合适的背景

选用了错误的背景也是造成无法虚化的原因之一，例如背景是蓝天或白色的墙壁等，即使使用上述 3 种方法也不可能实现漂亮的虚化效果。而选择绿色树木、花草、游乐园等有色彩的景物作为背景时，使用上述 3 种方法后虚化效果即可轻松实现。

150mm F2.8 1/500s ISO200

平视拍摄时，以被照亮的道路作为背景，虚化效果不明显

150mm F2.8 1/500s ISO200

更换角度拍摄，以绿树作为背景，得到了漂亮的虚化背景

# 5.3 强光下可以这样拍

当光线较强时拍摄人像时，会很容易出现强烈的反差及浓重的阴影，甚至出现曝光过度的现象，所以很多人都不喜欢选择在强光下拍摄人像。但这也不代表在强光时不能拍出好作品，在拍摄时可以使用以下 3 个技巧拍摄。

## 1. 利用透光板当柔光罩

在强光下拍摄时，可以使用透光板来充当柔光罩，将其放置在被摄体与光源之间，即可将原本生硬的直射光线变成柔和的散射光线。

## 2. 使用道具遮挡

可以使用帽子、雨伞等道具，不但可以对强光进行遮挡，如果处理得当，还可以形成特殊的画面效果。

## 3. 寻找有阴影的区域拍摄

可以寻找凉亭、树荫等有阴影的地方拍摄，即可避免强光的照射。但在树荫下拍摄时需要注意避免树荫下斑驳的光线，这种光线照射在人物身上，会产生不均匀的亮斑，此时可以通过改变主体位置或引导模特转头等方式避开。

50mm F4 1/250s ISO200

可以在树林里寻找一处遮光效果较好的地方，以免杂乱的光斑落在人物脸上破坏美感，而草帽上透过来的光斑则起到了装饰和美化的作用

# 5.4 阴天环境下的拍摄技巧

阴天环境下的光线比较暗，容易导致人物缺乏立体感，这也是很多摄影爱好者对之望而却步的主要原因。但从另一个角度看，阴天环境下的光线非常柔和，一些本来会产生强烈反差的景物，此时在色彩及影调方面也会变得丰富起来。我们可以将阴天视为阳光下的阴影区域，只不过环境要更暗一些，但配合一些措施还是能够拍出好作品的。

## 1. 利用光圈优先模式并使用大光圈拍摄

由于环境光线较暗，需要使用大光圈拍摄以保证曝光量，推荐使用光圈优先模式，设置光圈值为 F1.8~F4（根据镜头所能达到的光圈值而设）。

## 2. 注意安全快门和防抖

如果已经使用了镜头的最大光圈，仍然达不到安全快门的要求，此时可以适当调高 ISO 感光度，设置为 ISO200~ISO500，如果镜头支持。还可以打开防抖功能，必要时可以使用三脚架保持相机的稳定。

选择光圈优先模式

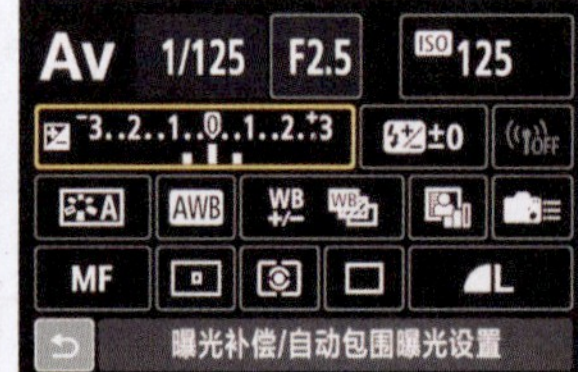

设置光圈值

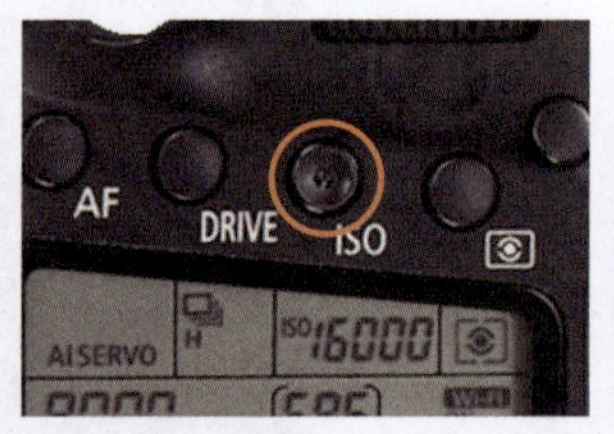

设置ISO感光度

开启防抖功能

28mm F3.2 1/200s ISO160

在阴天柔和的光线下拍摄时，利用反光板补光，使模特的皮肤显得非常娇嫩，画面更显清爽

**提示**

如果在拍摄时实在无法把握曝光参数，那么宁可让照片略有些欠曝，也不要曝光过度。因为在阴天情况下，光线的对比不是很强烈，略微欠曝不会出现“死黑”的区域，这样的区域可以通过后期处理进行恢复（会产生噪点）。

### 3. 恰当构图以回避瑕疵

阴天时的天空通常比较昏暗、平淡，因此，在拍摄时应注意尽量避开天空，以免拍出一片灰暗的图像或曝光过度的纯白图像，影响画面的质量。

135mm F2.5 1/400s ISO100

在拍摄第一张照片（上图）时，由于地面与天空的明暗差距大，因此画面中天空的部分苍白一片，在拍摄第二张照片（右图）时降低了拍摄角度，避开了天空，仅以地面为背景，得到整体层次细腻的画面

### 4. 巧妙安排模特着装与拍摄场景

阴天时环境比较灰暗，因此最好让模特穿上色彩比较鲜艳的衣服，而且在拍摄时，应选择相对较暗的背景，这样会使模特的皮肤显得更白皙。

85mm F2.8 1/500s ISO100

在一片黄花的衬托下，身着红色裙子的女孩显得更加娇俏动人

## 5. 用曝光补偿提高亮度

无论是否打开闪光灯，都可以尝试增加曝光补偿，以增强照片的光照强度。

85mm F2.8 1/100s ISO100

由于阴天的光线较暗，因此在拍摄时增加了曝光补偿，使画面中女孩的皮肤看起来更白皙、细腻

## 6. 切忌曝光过度

如果画面曝光过度，在层次本来就不是很明显的情况下，可能会产生完全“死白”的区域，这样的区域在后期处理中也无法恢复。

75mm F2.8 1/200s ISO125

在拍摄时稍微“欠曝”，可以通过后期调整提亮画面，这样能减少细节损失

# 5.5 逆光小清新人像

小清新人像以高雅、唯美为特点，表现出了一些年轻人的审美情趣，而成为热门人像摄影风格。当“小清新”碰上逆光，会让画面显得更加唯美，不少户外婚纱照及写真都是这类风格的。

逆光小清新人像的主要拍摄要点如下。

### 1. 选择淡雅服装

选择颜色淡雅、质地轻薄带些层次的服饰，同时还要注意鞋子、项链、帽子等配饰的搭配。模特妆容以淡妆为宜，发型则以表现出清纯、活力的一面为主，总之，以能展现少女风为原则。

### 2. 选择合适的拍摄环境

可以选择如花丛、树林、草地、海边等较清新、自然的环境作为拍摄地点。在拍摄时可以利用花朵、树叶、水的色彩来营造小清新的感觉。

### 3. 如何选择拍摄时机

一般逆光拍小清新人像的最佳时间是，夏天为下午四点半到六点半，冬天为下午三点半到五点，这个时间段的光线比较柔和，能够拍出干净、柔和的画面。同时还要注意空气的通透度，如果空气是雾蒙蒙的，则拍摄出来的效果欠佳。

85mm F2.2 1/320s ISO100

以绿草地为背景，侧逆光拍摄，光线照在模特身上，形成唯美的轮廓光，模特坐在草地上，撩起一缕头发轻轻地吹，画面非常简洁、自然

### 4. 构图

在构图时注意选择简洁的背景，背景中不要出现杂乱的物体，并且背景中颜色也不要太多，否则会显得太乱。树林、花丛不仅可以作用背景，也可以用作前景，通过虚化来增加画面的唯美感。

## 5. 设置曝光参数

将拍摄模式设置为光圈优先模式，并设置光圈值为 F1.8~F4，以获得虚化的背景效果。将感光度设置为 ISO100~ISO200，以获得高质量的画面。

## 6. 对人物补光及测光

逆光拍摄时，人物会显得较暗，此时需要使用银色反光板摆在人物的斜上方对人脸进行补光（如果是暖色的夕阳光，则使用金色反光板），以降低人脸与背景光的反差。

将测光模式设置为中央重点平均测光（尼康相机为中央重点测光）模式，靠近模特或使用镜头拉近，以面部皮肤为测光区域半按快门进行测光，得到数据后按下曝光锁定按钮锁定曝光。

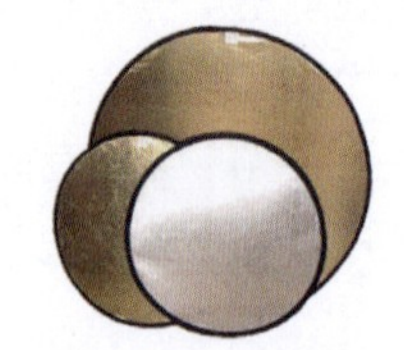

金色和银色反光板

## 7. 重新构图并拍摄

在保持按下曝光锁定按钮的情况下，通过改变拍摄距离或焦距重新构图，并对人物半按快门对焦，对焦成功后按下快门进行拍摄。

选择光圈优先模式

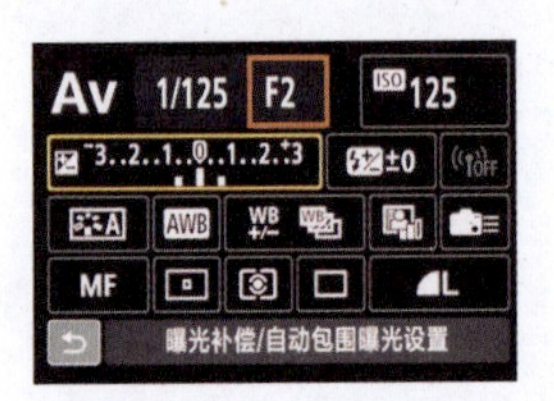


设置光圈值

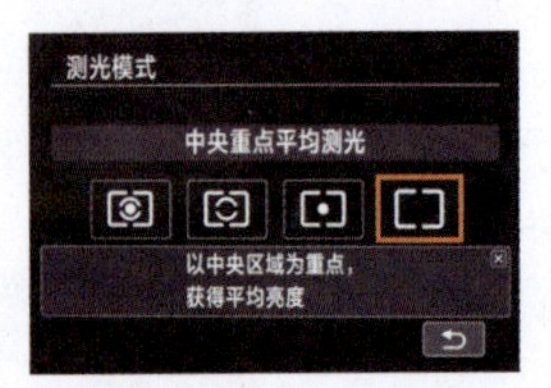


选择中央重点平均测光模式

按下曝光锁定按钮锁定曝光

**提示**

建议使用RAW格式存储照片，这样即使在曝光方面有些不理想，也可以很方便地通过后期处理进行优化。

# 5.6 如何拍摄跳跃照

单纯与景点或同伴合影，已经显得不够新颖了，年轻人更喜欢创新一点的拍摄形式，跳跃照就是其中之一。在拍摄跳起来的照片时，如果看到别人的画面都很精彩，而自己的照片感觉跳得很低，甚至“贴”在地面上一样，不要怪自己或同伴不是弹跳高手，其实这是拍摄角度的问题，只要改变角度，马上就能拍出一张“跳跃云端”的画面。

## 1. 选择合适的拍摄角度

拍摄时摄影师要比跳跃者的角度低一点，这样才会显得跳跃者跳得很高。

千万注意不可以以俯视角度拍摄，这样即使被拍摄者跳得很高，拍摄出来的效果也显得和没跳起来一样。

拍摄者躺在地上，以超低角度拍摄

以俯视角度拍摄，可以看出跳跃效果不佳

## 2. 模特注意事项

被拍摄者在跳跃前，应该稍微侧一下身体，以45°角面对相机，在跳跃时，小腿应该向后收起来，这样相比小腿直直地跳，感觉上会跳得高一点。当然，也可以自由发挥跳跃的姿势，总体原则以腿部向上或水平方向伸展为宜。

## 3. 构图

构图时，画面中最好不出现地面，这样可以让观者猜不出距离地面究竟有多高，就能给人一种很高的错觉。

需要注意的是，无论是横构图还是竖构图，都要在画面的上方、左右留出一定的空间，否则模特起跳后，有可能会跳出画面。

构图时预留的空间不够，导致模特的手在画面之外

50mm F5.6 1/500s ISO200

在室内以连拍模式拍摄，抓拍到了舞者跳跃的动作，画面展现出了舞者身体的线条美感

### 4. 设置连拍模式

跳起来的过程只有 1 秒左右，必须采用连拍模式拍摄。将相机的驱动模式设置为连拍（如果相机支持高速连拍，则设置该选项）。

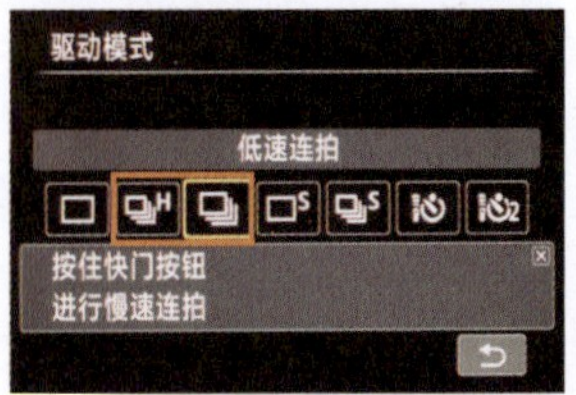


佳能80D相机的两种连拍模式

尼康D7500相机的两种连拍模式

### 5. 设置拍摄模式和感光度

由于跳跃时人物是处于运动状态下，所以适合使用快门优先模式拍摄，为了保证人物动作被拍摄清晰，快门速度最低要设置到 1/500s，越高的快门速度效果越好。感光度则要根据测光来决定，在光线充足的情况下 ISO100~ISO200 即可。如果测光后快门速度达不到 1/500s，则要增加 ISO 感光度值，直至达到所需的快门速度为止。

### 6. 设置对焦模式和测光模式

如果使用佳能相机，应将对焦模式设置为人工智能自动对焦（AI Focus）；如果使用尼康相机，则将对焦模式设置为连续伺服自动对焦（AF-C）。自动对焦区域模式设置为自动选择模式即可。

在光线均匀的情况下，将测光模式设置为评价测光（尼康相机为矩阵测光），如果是拍摄剪影类的跳跃照，则设置为点测光。

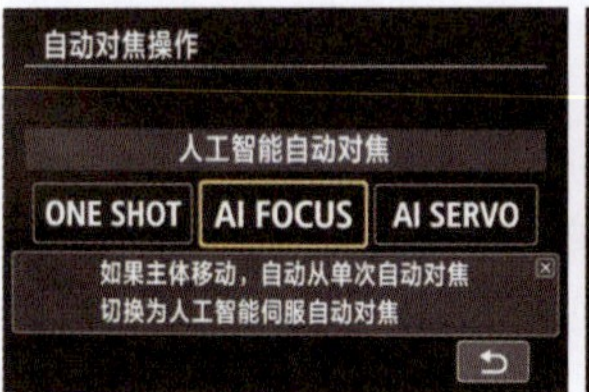


设置自动对焦模式

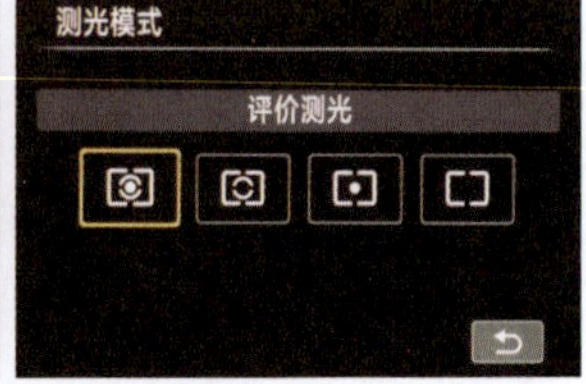


设置测光模式

### 7. 拍摄

拍摄者对场景构图后，让模特就位，在模特静止的状态下，半按快门进行一次对焦，然后喊："1！ 2！ 3！跳！"，在"跳"字出口的瞬间，模特要起跳，拍摄者则按住快门进行连续拍摄。完成后回看照片，查看照片的对焦、取景、姿势及表情是否达到预想，如果效果欠佳，可以再重拍，直至满意为止。

35mm F4 1/800s ISO200

模特跳跃的姿势如同跳动的精灵一般，画面显得活泼、可爱

# 5.7 日落时拍摄人像的技巧

不少摄影爱好者都喜欢在日落时分拍摄人像，但却很少有人能拍好。日落时分拍摄人像主要是拍成两种效果，一种是人像剪影的画面效果，二是人物与天空都曝光合适的画面效果，下面介绍详细的拍摄方法。

## 1. 选择纯净的拍摄位置

拍摄日落人像照片，应选择空旷无杂物的环境，取景时避免天空或画面中出现杂物，这一点对于拍摄剪影人像尤为重要。

## 2. 使用光圈优先模式，设置小光圈拍摄

将相机的拍摄模式设置为光圈优先模式，并设置光圈值为 F5.6~F10 的中、小光圈。

选择光圈优先模式

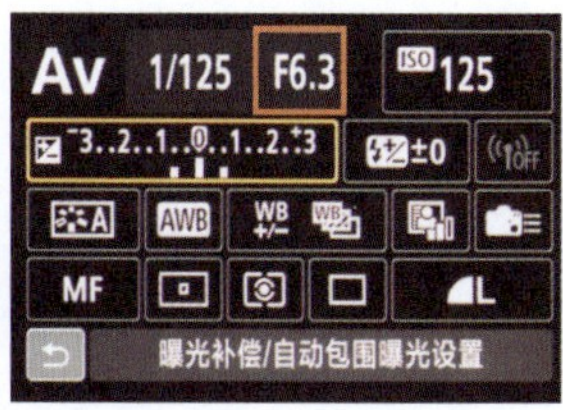

设置光圈值

## 3. 设置低感光度

日落时天空中的光线强度足够满足画面曝光需求，因此感光度设置在 ISO100~ISO200 即可，以获得高质量的画面。

## 4. 设置点测光模式

无论是拍摄剪影人像效果，还是人景都曝光合适的画面，都要使用点测光模式进行测光。将镜头对准夕阳旁边的天空测光（拍摄人景都曝光合适的照片，需要在关闭闪光灯的情况下测光），然后按下曝光锁定按钮锁定曝光组合。

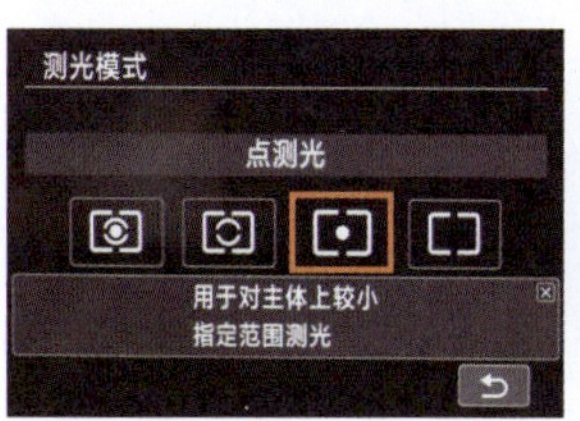

选择点测光模式

按下曝光锁定按钮锁定曝光

## 5. 重新构图并拍摄

如果拍摄人物剪影效果，可以在保持按下曝光锁定按钮的情况下，通过改变焦距或拍摄距离重新构图，并对人物半按快门对焦，对焦成功后按下快门进行拍摄。

## 6. 对人物补光并拍摄

如果拍摄人物和景物都曝光合适的画面效果，则在测光并按下曝光锁定按钮后，重新构图并打开外置闪光灯，设置为高速同步闪光模式，半按快门对焦，完全按下快门进行补光拍摄。

**提示**

需要使用支持闪光同步功能的外置闪光灯拍摄，因为对天空测光所得的快门速度必然会高于相机内置闪光灯或普通闪光灯的同步速度。

如果配有外置闪光灯柔光罩，则在拍摄时将柔光罩安装上，以柔化闪光效果。

# 5.8 错位创意照

照片除了要拍得美，还可以拍得有趣，这就要求摄影师对眼前事物有独到的观察能力，以便抓住在生活中出现的，转瞬即逝的趣味巧合，还要积极发挥想象力，发掘出更多的创意构图。

具体拍摄时可以利用借位拍摄、改变拍摄方向和视角等手段，去发现、寻找具创意趣味性的构图。

## 1. 拍摄参数设置

推荐使用光圈优先模式拍摄，光圈设置为 F5.6~F16 的中等光圈或小光圈，以使人物和被错位景物都拍摄清晰，感光度设置为 ISO100~ISO200。

## 2. 寻找角度

拍摄错位照片，找对角度是很重要的环节。在拍摄前，需要指挥被拍摄者走位，以便与被错位景物融合起来。当被拍摄者走位基本准确的时候，由拍摄者来调整位置或角度，这样会更容易达到精确融合的效果。

## 3. 设置测光模式

在光线均匀的情况下，使用评价测光模式（尼康相机为矩阵测光）即可。如果是拍摄如右图这样的效果，则设置为点测光模式。半按快门测光后，注意查看快门速度是否达到安全快门，如未达到，则要更改光圈或感光度值。

## 4. 设置对焦模式

如果拍摄小景深效果的照片，对焦模式设置为单次自动对焦模式，自动对焦区域设置为自动选择模式即可。如果拍摄利用透视关系形成的错位照片，如“手指拎起人物”这样的照片，则将自动对焦区域模式设置为单点自动对焦，对想要清晰表现的主体进行对焦。

设置自动对焦模式

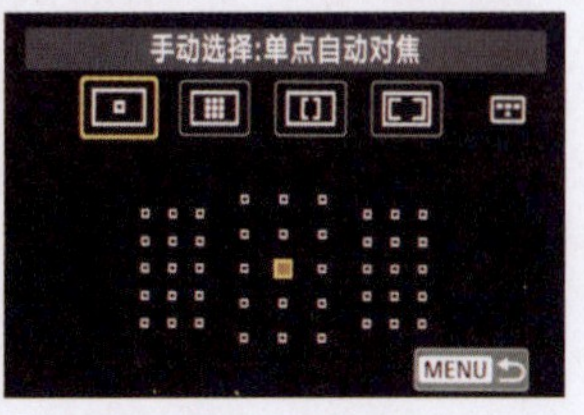


设置自动对焦区域模式

## 5. 拍摄

一切设置完成后，半按快门对画面对焦，对焦成功后，按下快门拍摄。

200mm F8 1/640s ISO200

男士单膝跪地，手捧太阳，仿佛要把太阳作为礼物送给女士的模样，逗得女士开心不已，画面十分生动、有趣

# 5.9 夜景人像的拍摄技巧

也许不少摄影初学者在提到夜间人像的拍摄时，首先想到的就是使用闪光灯。没错，拍摄夜景人像的确要使用闪光灯，但也不是仅仅使用闪光灯那么简单，要拍好夜景人像还要掌握一定的技巧。

佳能大光圈定焦镜头

相机安装上外置闪光灯

## 1. 拍摄器材与注意事项

拍摄夜景人像照片，在器材方面可以按照下面所述进行准备。

（1）镜头。适合使用大光圈定焦镜头拍摄，大光圈镜头的进光量多，在手持拍摄时，比较容易达到安全快门速度。另外，大光圈镜头能够拍出唯美的虚化背景效果。

（2）三脚架。由于快门速度较慢，必须使用三脚架稳定相机拍摄。

（3）快门线或遥控器。使用快门线或遥控器释放快门拍摄，以避免手指按下快门按钮时相机振动而使画面模糊。

（4）外置闪光灯。外置闪光灯能够对画面进行补光拍摄，相比内置闪光灯，可以进行更灵活的布光。

（5）柔光罩。将柔光罩安装在外置闪光灯上，可以让闪光变得柔和，以拍出柔和的人像照片。

（6）模特服饰。应避免穿着深色的服装，否则容易与环境融为一体，导致画面效果不佳。

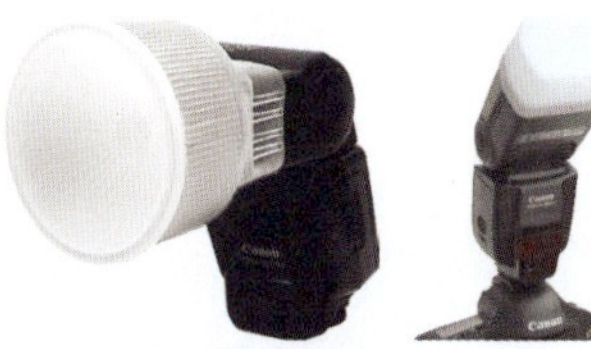

外置闪光灯的柔光罩

虽然使用大光圈将背景虚化，可以很好地突出人物主体，但由于人物穿着黑色服装，很容易融进暗夜里

200mm F2.8 1/160s ISO100

使用闪光灯拍摄夜景人像时，设置了较低的快门速度，得到的画面中背景变亮，看起来更美观

### 2. 选择适合的拍摄地点

适合选择环境光较亮的地方，这样拍摄出来的夜景人像，夜景的氛围会比较明显。

如果拍摄用环境光补光的夜景人像照片，则选择有路灯、大型的广告灯箱、商场橱窗等地点，通过靠近这些物体发出的光亮来对模特脸部补光。

### 3. 选择光圈优先模式并使用大光圈拍摄

将拍摄模式设置为光圈优先模式，并设置光圈值为F1.2~F4的大光圈，以虚化背景，这样夜幕下的灯光可以形成唯美的光斑效果。

### 4. 设置感光度数值

如果利用环境灯光对模特补光，通常需要提高感光度数值，来使画面获得标准曝光并达到安全快门。建议设置在ISO400~ISO1600（高感较好的相机可以适当提高。此数值范围基于手持拍摄，使用三脚架拍摄时可适当降低）。

而如果是拍摄闪光夜景人像，将感光度设置在ISO100~ISO200即可，以获得较慢的快门速度（如果测光后得到的快门速度低于1s，则要提高感光度数值）。

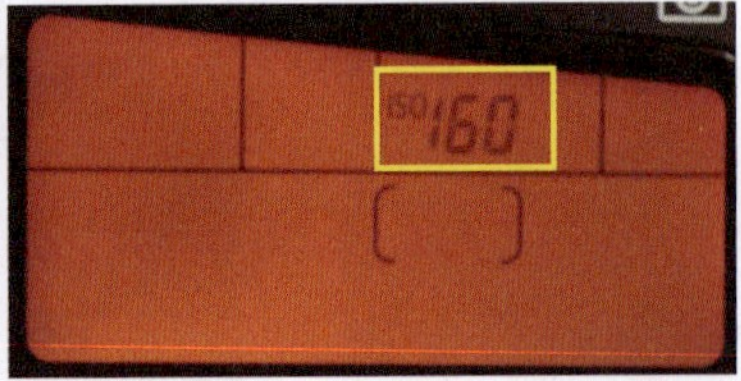


设置感光度值

50mm F2.8 1/100s ISO200

使用中央重点测光模式对人脸进行测光，使人物面部得到准确曝光

### 5. 设置测光模式

如果是拍摄用环境光补光的夜景人像，适合使用中央重点平均测光模式（尼康相机为中央重点测光模式），对人脸半按快门进行测光。

如果拍摄闪光夜景人像，则使用评价测光模式，对画面整体进行测光。

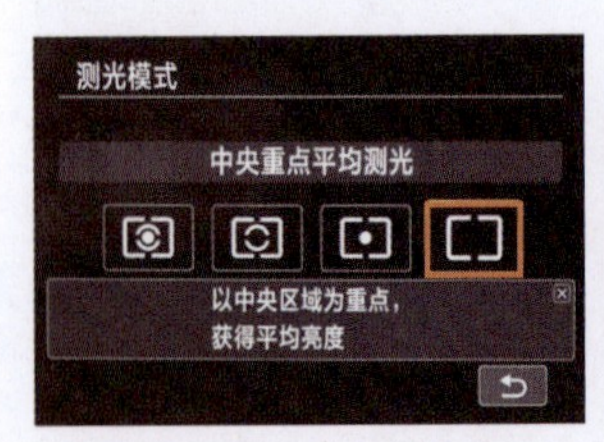


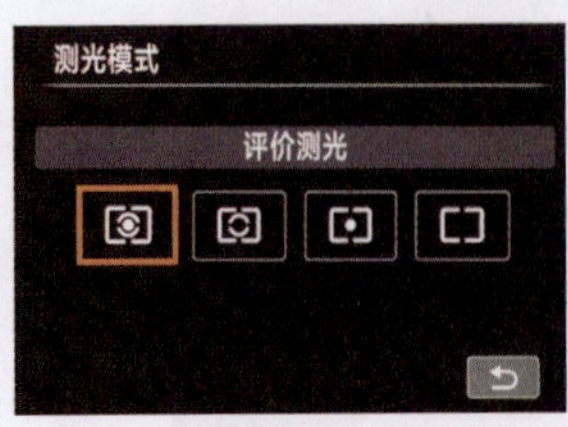


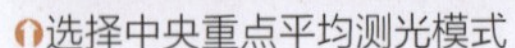
选择中央重点平均测光模式

选择评价测光模式

### 6. 设置闪光同步模式

将相机的闪光模式设置为慢速闪光同步类的模式，以使人物与环境都得到合适的曝光（佳能相机可设置为前帘同步或后帘同步模式；尼康相机可设置为慢同步、慢后帘同步或后帘同步模式）。

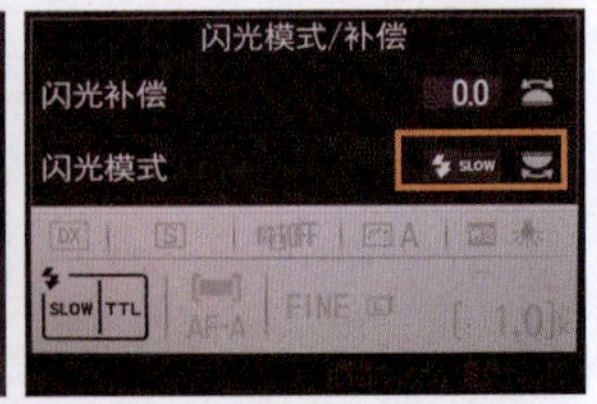

佳能相机设置快门同步界面

尼康相机设置闪光模式界面

在拍摄夜景人像时，在较高的快门速度下使用闪光灯对人物补光后，虽然人物还原正常，但背景却显得比较黑

50mm F4 1/100s ISO200

使用前帘同步闪光模式拍摄，运动中的人物前方出现重影，给观者一种后退的错觉

## 7. 设置闪光控制模式

如果是拍摄闪光夜景人像，则需要在闪光灯控制菜单中，将闪光控制模式设置为 ETTL 选项。

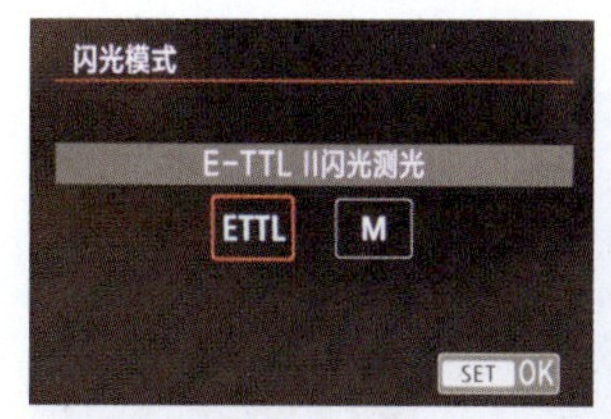


佳能相机设置闪光模式界面

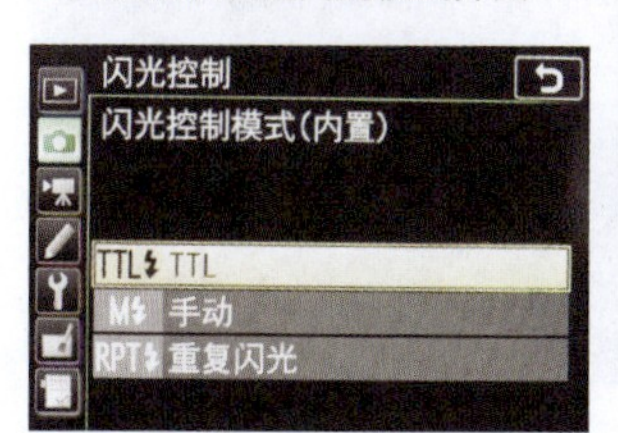


尼康相机设置闪光控制模式界面

50mm F4.5 1/80s ISO200

使用后帘同步闪光模式拍摄，可以使背景模糊而人物清晰。由于运动生成的光线拖尾在实像的后面，看上去更真实自然

## 8. 设置对焦和对焦区域模式

将对焦模式设置为单次自动对焦模式，自动对焦区域模式设置为单点，在拍摄时使用单个自动对焦点对人物眼睛进行对焦。

## 9. 设置曝光补偿或闪光补偿

设定好前面的一切参数后，可以试拍一张并查看照片效果，通常要再进行曝光补偿或闪光补偿操作。

在拍摄环境光的夜景人像照片时，一般需要再适当增加 0.3~0.5EV 的曝光补偿。在拍摄闪光夜景人像照片时，由于是对画面的整体测光，通常会存在偏亮的情况，因此需要适当减少 0.3~0.5EV 的曝光补偿。

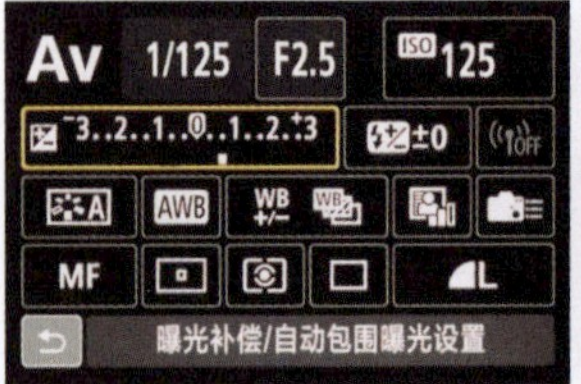

设置曝光补偿

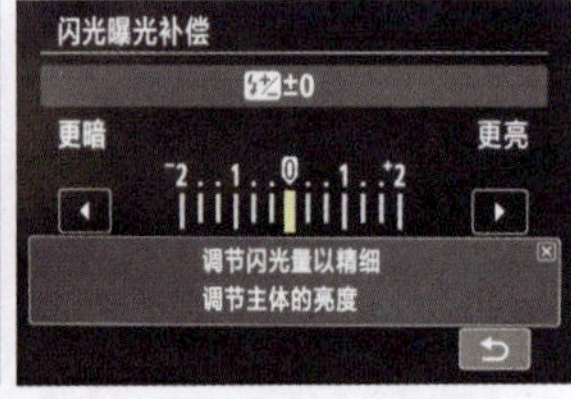

设置闪光补偿

### 提示

前帘同步与后帘同步都属于慢速闪光同步的一种。前帘同步是指在相机快门刚开启的瞬间就开始闪光，这样会在主体的前面形成一片虚影，出现人物好像在后退的动感效果。

与前帘同步不同的是，使用后帘同步模式拍摄时，相机将先进行整体曝光，直至完成曝光前的一瞬间再进行闪光。

所以，如果是拍摄静止不动的人像照片，模特必须等曝光完成后才可以移动。

35mm F2 1/50s ISO1000

利用路灯和 LED 小灯珠为人物补光

50mm F2.8 1/100s ISO1600

利用草地中的地灯照亮模特，拍摄出唯美的夜景人像

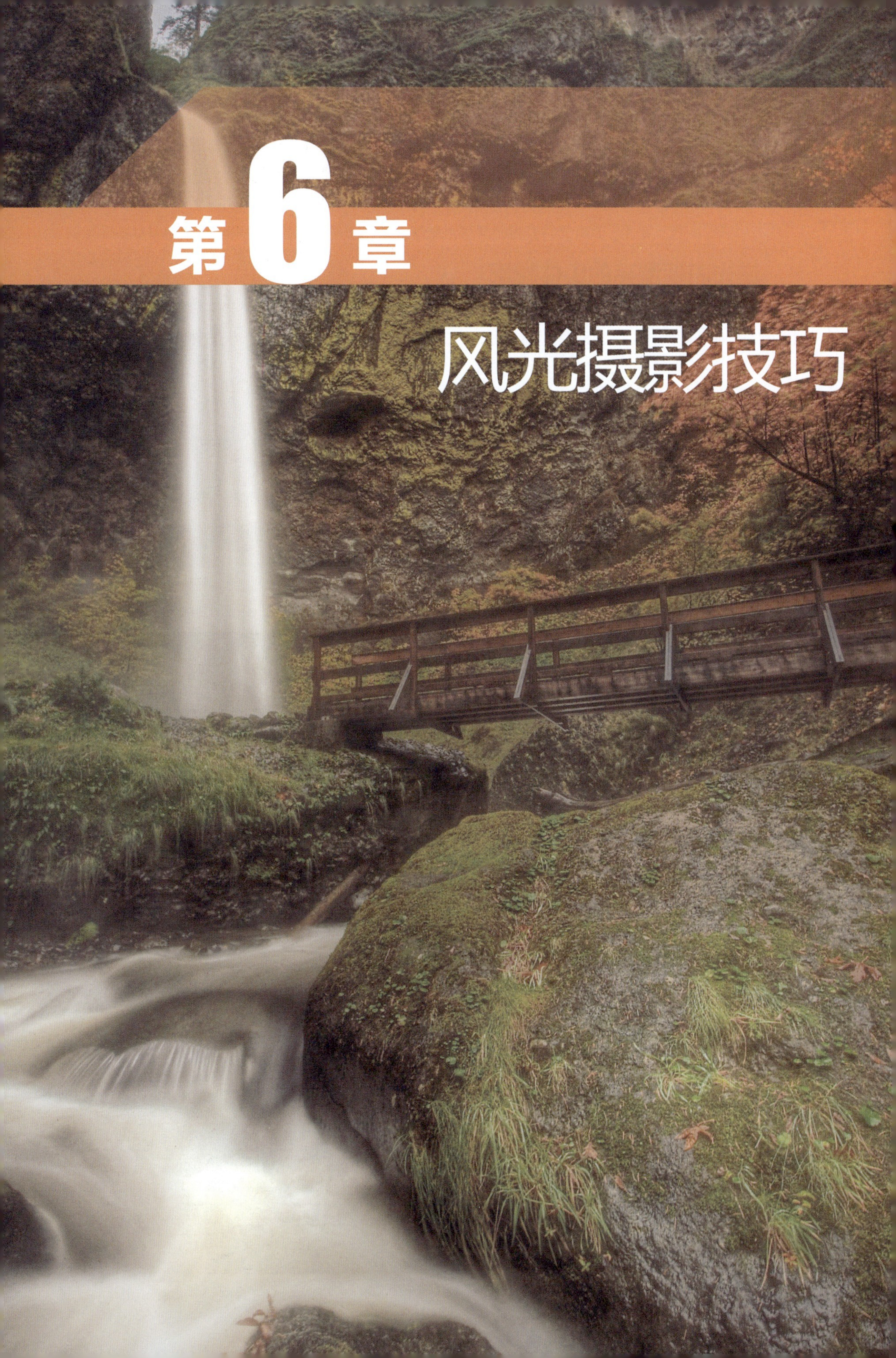

# 第6章 风光摄影技巧

# 6.1 山景的拍摄技巧

## 6.1.1 逆光表现漂亮的山体轮廓

逆光拍摄景物时，画面会形成很强烈的明暗对比，此时若以天空为曝光依据，可以将山处理成剪影的形式，下面讲解一下具体的拍摄步骤。

### 1. 构图和拍摄时机

既然是表现山体轮廓线，那么在取景时就要注意选择比较有线条感的山体。通常山景的最佳拍摄时间是日出日落前后，在构图时可以取天空的彩霞来美化画面。

需要注意的是，应避免在画面中纳入太阳，这样做的原因是，太阳周围光线太强，高光区域容易曝光过度，而且太阳如果占比过大，会抢走主体的风采。

### 2. 拍摄器材

适合使用广角镜头或长焦镜头拍摄，在使用长焦镜头拍摄时，需要使用三脚架或独脚架以增强拍摄的稳定性。由于是逆光拍摄，因此镜头上最好安装遮光罩，以防止出现眩光。

### 3. 设置拍摄参数

设置拍摄模式为光圈优先模式，光圈值设置为F8~F16，感光度设置为ISO100~ISO400，以保证画面的高质量。

选择光圈优先模式

设置光圈值

80mm F10 4s ISO200

以剪影的形式表现云雾缭绕的山峦，浓淡的渐变加深了画面的空间感

### 4. 设置对焦与测光模式

将对焦模式设置为单次自动对焦模式，自动对焦区域模式设置为单点，测光模式设置为点测光模式，并将相机的点测光圈（即取景器的中央）对准天空较亮的区域半按快门进行测光，确定所测得的曝光组合参数合适后，然后按下曝光锁定按钮锁定曝光。

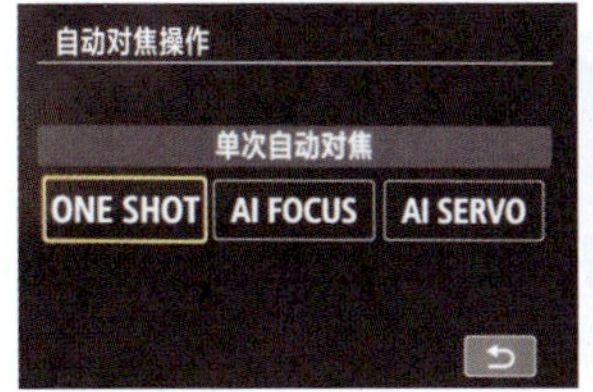

设置单次自动对焦模式

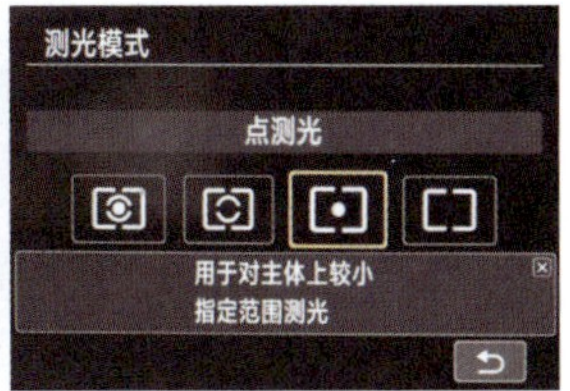

设置点测光模式

### 5. 对焦及拍摄

保持按下曝光锁定按钮的状态，使相机的对焦点对准山体与天空的连接处，半按快门进行对焦，对焦成功后，按下快门进行拍摄。

**提示**

在使用侧逆光拍摄时，不但可以拍出山体的轮廓，而且画面会更有明暗层次感。

## 6.1.2 利用前景让山景画面活起来

在拍摄各类山川风光时，总是会遇到单纯地拍摄山体总感觉有些单调的问题。此时，如果能在画面中安排前景，配以其他景物，如动物、树木等作为陪衬，不但可以使画面显得富有立体感和层次感，而且可以营造出不同的画面气氛，大幅增强了山川风光作品的表现力。

如果有野生动物的陪衬，山峰会显得更加幽静、安逸，具有活力，同时也增加了画面的趣味性。如果在山峰的上端适当留出空间，使其在蓝天白云的映衬之下，会给人带来更深刻的感受。

75mm F18 1/400s ISO100

利用大片的花海作为前景，衬托远方巍峨的雪山，一方面可以突出山峦的雄伟，另一方面可以使画面层次更丰富

## 6.1.3 妙用光线获得金山、银山的效果

当日出的阳光照射在雪山上时，暖色的阳光使雪山形成了金光闪闪的效果，这就是“日照金山”的效果。如果是白天的太阳照射在雪山上，就是“日照银山”的效果。拍摄日照金山与日照银山的不同之处在于拍摄的时间不同。除了要掌握最佳拍摄时间，还需要注意一些曝光方面的技巧，才能从容地拍好日照金山和日照银山，下面详细讲解拍摄流程。

EF16-35mm F2.8 L II USM

EF70-200mm F2.8 L II USM

### 1. 拍摄时机

拍摄对象必须是雪山，还要选择在天气晴朗并且没有大量云雾笼罩情况下拍摄。如果是拍摄日照金山的效果，应该在日出时分进行拍摄；如果是拍摄日照银山的效果，应该选择在上午或下午进行拍摄。

### 2. 拍摄器材

适合使用广角镜头或长焦镜头拍摄。广角镜头可以拍出群山的壮丽感，而长焦镜头可以拍出山峰的特写。此外，还需要使用三脚架，以增强拍摄时的稳定性。

三脚架

200mm F8 1/400s ISO400

太阳照射在山顶上形成日照金山的效果，画面看起来非常神圣

### 3. 设置拍摄参数

拍摄模式适合设置为M手动模式，光圈适合设置在F8~F16，感光度设置在ISO100~ISO400。存储格式设置为RAW格式，以便后期进行优化处理。

选择光圈优先模式

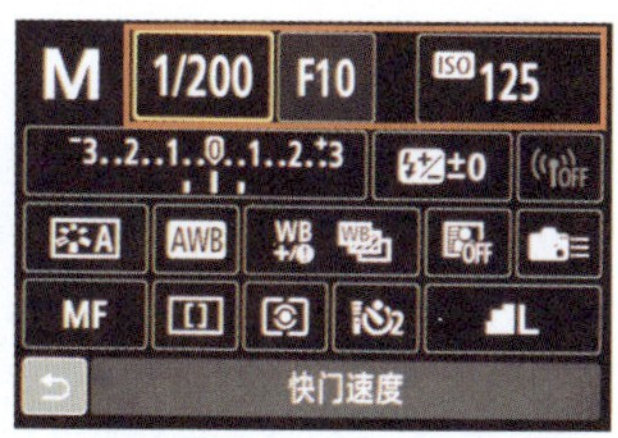

设置曝光参数

### 4. 设置包围曝光功能

雪山呈现出日照金山效果的时间非常短，为了抓紧时间拍摄，可以开启相机的包围曝光功能。这样可以提高曝光的成功率，从而把微调参数的时间省出来拍摄其他构图或其他角度的照片。

需要注意的是，如果驱动模式设置为单拍，那么包围曝光的3张照片需要按3次快门完成拍摄；如果设置为连拍，则按住快门不放，连续拍摄3张照片即可。

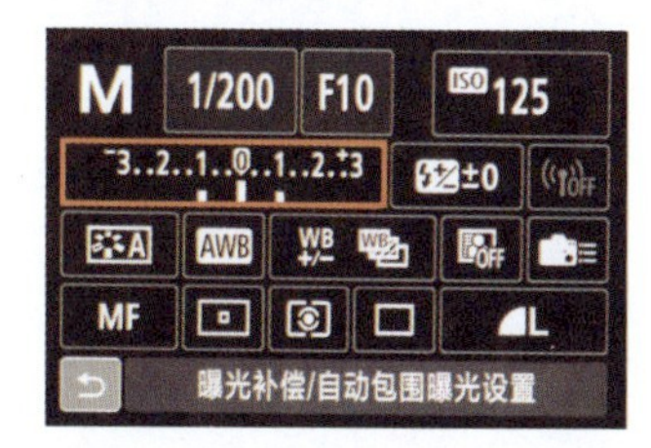

通过速控屏幕设置包围曝光功能，图中所示为±1EV的包围曝光

200mm F13 1/320s ISO320

仰视拍摄被夕阳染上金色的山体，以蓝天为背景使画面更简洁，而三角形构图则使金山看起来更有稳定感

### 5. 设置对焦模式

将对焦模式设置为单次自动对焦模式，自动对焦区域模式设置为单点。

### 6. 设置测光模式

如果是拍摄日出金山效果，测光模式适合设置为点测光，然后以相机的点测光圈对准雪山较亮区域半按快门进行测光。

如果是拍摄日照银山效果，则应设置为评价测光，测光后要注意查看游标的位置，查看是否处于所需的曝光区域。

### 7. 曝光补偿

为了加强拍出的金色效果，可以减少曝光量。在测光时，通过调整快门速度、光圈或感光度数值，使游标向负值方向偏移0.5~1EV即可。

而在拍摄日照银山时，则需要向正方向进行0.7~2EV的曝光补偿量，这样拍出的照片才能还原银色雪山的本色。

### 8. 拍摄

一切参数设置妥当后，使对焦点对准山体，半按快门进行对焦，然后按下快门拍摄。

**提示**

测光后注意观察取景器中的曝光游标是否处于标准或所需曝光的位置。如果游标不在目标位置，则要通过改变快门速度、光圈及感光度数值来调整。一般情况下，优先改变快门速度。

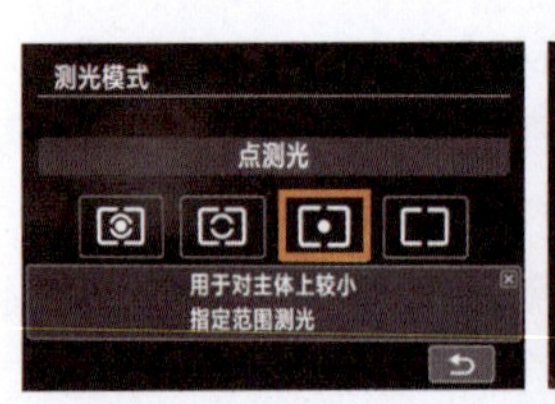

设置测光模式

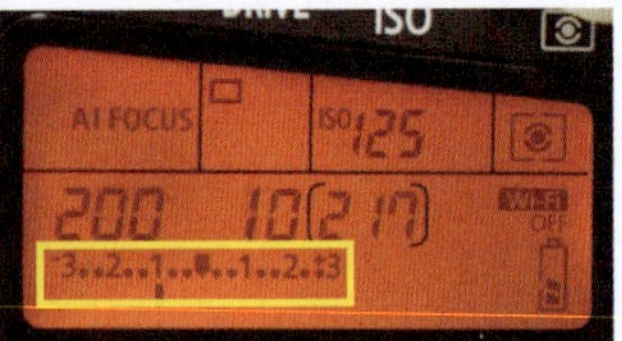

查看曝光指示

**提示**

如果使用了包围曝光功能拍摄，相当于已经做过曝光补偿的操作了，一般不用特意再调整曝光补偿。不过为了有更多选择，也可以在曝光补偿的基础上，再配合使用包围曝光功能。

**提示**

在使用M挡拍摄时，只要测光后的曝光参数调整到所需的曝光标准后，后面在拍摄时如果因为微调构图而使取景器中的曝光指示游标的位置有所变化，可以不必理会，直接完成拍摄即可。

35mm F8 1/500s ISO100

在侧光下，明暗对比强烈，表现出了山体的立体感

# 6.2 水景的拍摄技巧

## 6.2.1 利用前景增强水面的纵深感

在拍摄水景时，如果没有参照物，不容易体现水面的空间纵深感。因此，在取景时，应该注意在画面的近景处安排树木、礁石、桥梁或小舟，这样不仅能够避免画面单调，还能够通过近大远小的透视对比效果表现出水面的开阔感与纵深感。

在拍摄时，应该使用镜头的广角端，这样能使前景处的线条被夸张化，以增强画面的透视感、空间感。

20mm F7.1 30s ISO100

在广角镜头的透视下，长长的太阳倒影给画面增强了纵深感

24mm F10 1s ISO200

前景中纵向的岩石不仅丰富了单调的海景，还增加了画面的空间感

## 6.2.2 利用低速快门拍出丝滑的水流

使用低速快门拍摄水流，是水景摄影的常用技巧。不同的低速快门能够使水面表现出不同的美景，中等时间长度的快门速度能够使水流呈现丝般的水流效果，如果时间更长一些，就能够使水面产生雾化的效果，为水面赋予特殊的视觉魅力，下面讲解一下详细的拍摄步骤。

### 1. 使用三脚架和快门线拍摄

丝滑水面是低速摄影题材，如果手持相机拍摄，非常容易造成画面模糊，因此，三脚架是必备的器材，并且最好使用快门线来避免直接按下快门按钮时产生的震动。

### 2. 拍摄参数的设置

推荐使用快门优先曝光模式，以便于设置快门速度。快门速度可以根据拍摄的水景和效果来设置，如果是拍摄海面，需要设置到1/20s或更慢，如果是拍摄瀑布或溪水，快门速度设置到1/5s或更慢。快门速度设置到1.5s或更慢，则会将水流拍摄成雾化效果。

感光度设置为相机支持的最低感光度值（ISO100或ISO50），以降低快门速度。

**提示**

如果在拍摄前忘了携带三脚架和快门线，或者临时起意拍摄低速水流，则可以在拍摄地点周围寻找可供相机固定的物体，如岩石、平整的地面等，将相机放置在这类物体上，然后将驱动模式设置为“2秒自拍”模式，以减少相机抖动。

20mm F16 2s ISO50

利用中灰镜减少进光量，使瀑布呈现出丝绸般的顺滑效果

选择快门优先模式

设置快门速度

18mm F16 1/5s ISO100

使用小光圈结合较低的快门速度，将流动的海水拍摄出了丝线般效果，摄影师采用高水平线构图，重点突出水流的动感美

### 3. 使用中灰镜减少进光量

如果已经设置了相机的极限参数组合，画面仍然曝光过度，这时就需要在镜头前加装中灰镜来减少进光量了。

先根据测光所得出的快门速度值，计算出和目标快门速度值相差几倍，然后选择相对应的中灰镜安装到镜头上即可。

肯高ND-4中灰镜

### 4. 设置对焦和测光模式

将对焦模式设置为单次自动对焦模式，自动对焦区域模式设置为自动选择模式。测光模式设置为评价测光模式。

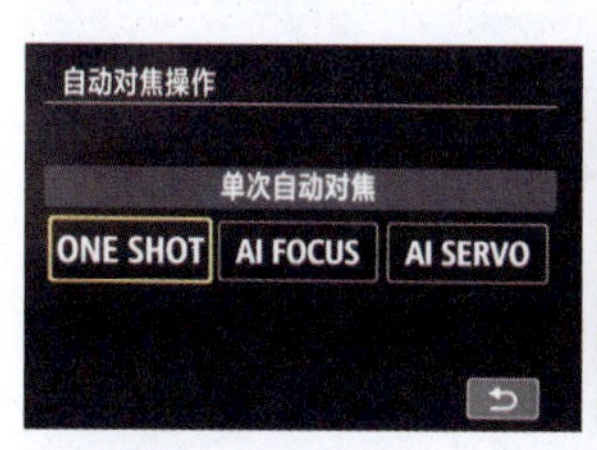

设置自动对焦模式

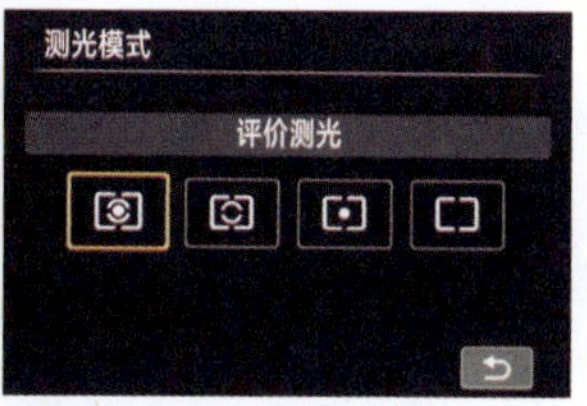

设置测光模式

### 5. 拍摄

半按快门按钮对画面进行测光和对焦，在确认得出的曝光参数能获得标准曝光后，完全按下快门按钮进行拍摄。

18mm F13 1s ISO100

在低速快门的作用下，向下流动的水呈现出线条感，画面相比高速拍摄的画面来说效果更为震撼

# 6.3 雪景的拍摄技巧

## 6.3.1 增加曝光补偿以获得正常的曝光

雪景是摄影爱好者常拍的风光题材之一，但大部分初学者在拍摄雪景后，发现自己拍的雪景不够白，画面灰蒙蒙的，其实只要掌握曝光补偿的技巧即可还原雪景的洁白效果。

### 1. 如何设置曝光参数

雪景适合使用光圈优先模式拍摄，如果想拍摄大场景的雪景照片，可以将光圈值设置在F8~F16；如果是拍摄浅景深的特写雪景照片，可以将光圈值设置在F2~F5.6。光线充足的情况下，感光度设置在ISO100~ISO200即可。

### 2. 设置测光模式

将测光模式设置为评价测光，针对整体画面测光。

### 3. 设置曝光补偿

在保证不会曝光过度的同时，可根据白雪在画面中所占的比例，适度增加0.7~2EV的曝光补偿，以如实地还原白雪的明度。

选择光圈优先模式

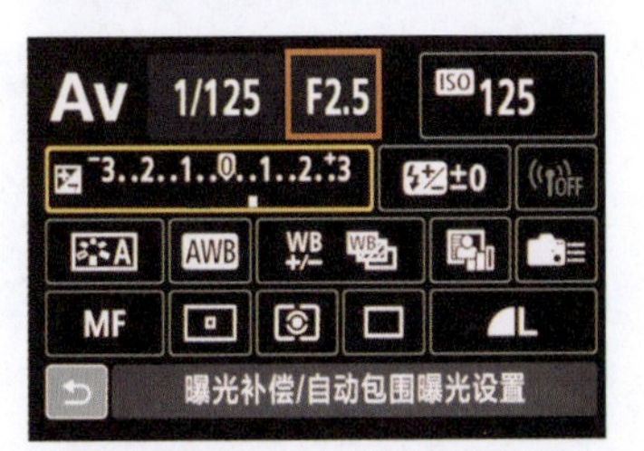

设置光圈值

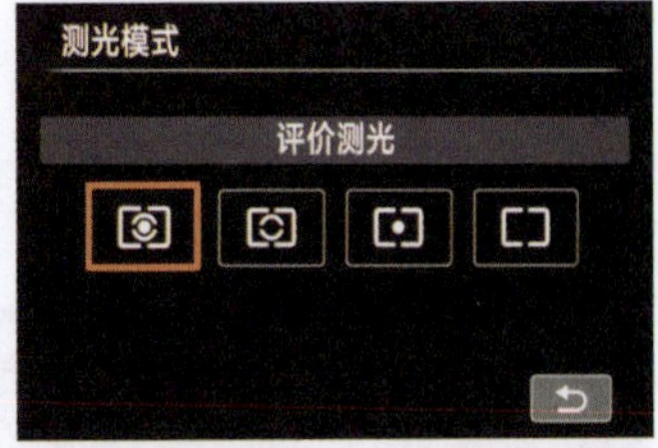

设置测光模式

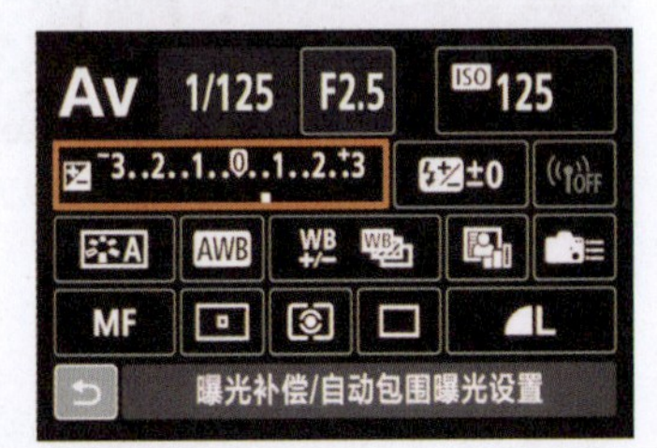

设置曝光补偿

18mm F10 1/400s ISO100

通过增加曝光补偿的方式，在不过曝的情况下如实地还原白雪的明度，画面使人感觉清新、自然

## 6.3.2 用飞舞的雪花渲染意境

在下雪天进行拍摄，无数的雪花纷纷飘落，将其纳入画面可以增加画面的生动感。在拍摄这类的雪景照片时，要注意快门速度的设置。

### 1. 拍前注意事项

拍摄下雪时的场景，首要的注意事项就是保护好相机的镜头，不要被雪花打湿而损坏。在拍摄时，可以在镜头上安装遮光罩，以挡住雪花，使其不落在镜面上，然后相机和镜头可以用防寒罩保护起来，如果没有，最简单的方法就是用塑料袋套上。

### 2. 设置拍摄参数

设置拍摄模式为快门优先模式，根据想要的拍摄效果来设置快门速度。如果将快门速度设置为1/40~1/15s，可以使飘落的雪花以线条的形式在画面中出现，从而增加画面的生动感；如果将快门速度设置在1/250~1/60s，则可以将雪花呈现为短线条或凝固在画面中，这样可以体现出大雪纷飞的氛围。感光度根据测光来自由设置，在能获得满意光圈的前提下，数值越小越好，以保证画面的质量。

设置拍摄模式

设置快门速度

**提示**

在快门优先模式下，半按快门对画面测光后，要注意查看光圈值是否理想。如果光圈过大或过小则不符合当前拍摄需求，需要通过改变感光度数值来保持平衡。

35mm F11 1/125s ISO400

白茫茫的飘雪为画面蒙上了一层朦胧缥缈的意境

### 3. 使用三脚架

在使用低速快门拍摄雪景时，手持拍摄时画面容易模糊，因此需要将相机安装在三脚架上，并配合快门线拍摄，以获得清晰的画面。

### 4. 设置测光和对焦模式

设置测光模式为评价测光，对画面整体进行测光；对焦模式设置为单次自动对焦模式；自动对焦区域模式设置为单点或自动选择模式。

### 5. 构图

在取景构图时，注意选择能衬托白雪的暗色或拥有鲜艳色彩的景物，如果画面中都是浅色的景物，则雪花效果不明显。

### 6. 设置曝光补偿

根据雪景在画面中的占有比例，适当增加0.5~2EV的曝光补偿，以还原雪的洁白。

### 7. 拍摄

使用单点对焦区域模式时，将单个自动对焦点对准主体，半按快门进行对焦；用自动选择区域模式时，半按快门进行对焦，听到对焦提示音后，按下快门按钮完成拍摄。

26mm F4 1/160s ISO500

在较高的快门速度下，雪花被定格在空中。摄影师选择以红墙为背景衬托雪花，给人以惊艳之美

35mm F4 1/250s ISO400

灰暗的水景画面因为有了飘落的雪和几只飞鸟，画面立即变得有意境感

# 6.4 太阳的拍摄技巧

## 6.4.1 针对亮部测光拍摄出剪影效果

在逆光条件下拍摄日出、日落景象时，考虑到场景光比较大，而感光元件的宽容度无法兼顾到景象中最亮和最暗部分，摄影师大多选择将背景中的天空还原，而将前景处的景象处理成剪影状，增加画面美感的同时，还可营造画面气氛，那么该如何拍出漂亮的剪影效果呢？下面讲解详细的拍摄步骤。

### 1. 寻找最佳拍摄地点

拍摄地点最好是开阔一些的场地，如海边、湖边、山顶等。作为目标剪影呈现的景物，不可以过多，而且要轮廓清晰，避免选择大量重叠的景物。

景物选择不当，导致剪影效果不佳

### 2. 设置小光圈拍摄

将相机的拍摄模式设置为光圈优先模式，设置光圈值在F8~F16。

### 3. 设置低感光度

日落时的光线很强，因此，设置感光度数值为ISO100~ISO200即可。

### 4. 设置照片风格及白平衡

如果以JPEG格式存储照片，那么需要设置照片风格和白平衡。为了获得最佳的色彩氛围，可以将照片风格设置为“风景”模式，白平衡模式设置为“阴影”模式，或手动调整色温数值为6000~8500K。如果是以RAW格式存储照片，则都设置为自动模式即可。

### 5. 设置曝光补偿

为了获得纯黑的剪影，以及让画面色彩更加浓郁，可以适当设置-0.3~-0.7EV的曝光补偿。

18mm F10 1/800s ISO100

以水面为前景拍摄，使绚丽的天空和湖面倒影占了大部分画面，而小小的人物及岸边景物呈现为剪影效果，使画面有了点睛之笔

## 6. 使用点测光模式测光

将相机的测光模式设置为点测光模式，并以点测光圈对准夕阳旁边的天空半按快门测光，得出曝光数据后，按下曝光锁定按钮锁住曝光。

需要注意的是，切不可对准太阳测光，否则画面会太暗，也不可对着剪影的目标景物测光，否则画面会太亮。

## 7. 重新构图并拍摄

在保持按下曝光锁定按钮的情况下，通过改变焦距或拍摄距离重新构图，并对景物半按快门对焦，对焦成功后按下快门进行拍摄。

测光时太靠近太阳，导致画面整体过暗

对着建筑物测光，导致画面中的天空过亮

200mm F8 1/1000s ISO100

针对天空中的较亮部进行测光，使山体呈剪影效果，与明亮的太阳形成呼应，画面简洁、有力

## 6.4.2 拍出太阳的星芒效果

为了表现太阳耀眼的效果，烘托画面的气氛，增加画面的感染力，可以拍出太阳的星芒效果。但摄影爱好者在拍摄时，却总是拍不出太阳的星芒，如何才能拍好呢？接下来详细讲解拍摄步骤和要点。

### 1. 选择拍摄时机

要想把太阳的光芒拍出星芒效果，选择拍摄时机是重要。如果是日出时拍摄，应该等太阳“跳”出地平线一段时间后；而如果是日落时拍摄，则应选择太阳离地平线还有段距离时拍摄。太阳在靠近地平线且呈现为圆形状态时，是很难拍出星芒。

### 2. 选择广角镜头拍摄

要想拍出太阳星芒的效果，就需要让太阳在画面中占比小一些，越接近点状，星芒的效果就越容易出来，所以，适合使用广角或中焦镜头拍摄。

### 3. 构图

在构图时，可以适当地利用各种景物，如山峰、树枝遮挡太阳，使星芒效果呈现得更好。

### 4. 拍摄方式

由于在拍摄时，太阳还处于较亮的状态，为了避免在拍摄时太阳光对眼睛的刺激，推荐使用实时取景拍摄模式进行取景和拍摄。

佳能80D相机是将实时显示拍摄/短片拍摄开关转至▣位置，然后按下START/STOP按钮，即可切换至实时显示拍摄模式

35mm F16 1/250s ISO160

星芒状的太阳将海景点缀得很新颖，拍摄时除了需要设置较小的光圈，还应有一个黑色的衬托物，例如画面中的山石

### 5. 设置曝光参数

将拍摄模式设置为光圈优先模式，设置光圈为F16~F32，光圈越小，星芒效果越明显。感光度设置在ISO100~ISO400，以保持高画质。虽然太阳在画面中的占比很小，但也要避免曝光过度，因此，适当设置-0.3~-1EV的曝光补偿。

### 6. 对画面测光

设置点测光模式，针对太阳周边较亮的区域进行测光。需要注意的是，由于光圈设置得较小，如果测光后得到的快门速度低于安全快门，则要重新调整光圈或感光度值，确认曝光参数合适后按下曝光锁定按钮锁定曝光组合。

### 7. 重新构图并拍摄

在保持按下曝光锁定按钮的情况下，微调构图，并对景物半按快门对焦，对焦成功后按下快门进行拍摄。

**提示**

设置光圈时不用考虑镜头的最佳光圈，也不用考虑小光圈下的衍射会影响画质，毕竟是以拍出星芒为最终目的。如果拥有星芒镜，则可在镜头前加装星芒镜以获得星芒效果。

逆光拍摄时，容易在画面中出现眩光，在镜头前加装遮光罩可以有效避免眩光的出现。

17mm F22 1/60s ISO100

以小光圈拍摄，加上太阳正好从云彩中露出，因此得到了星芒效果很明显的照片

# 6.5 迷离的雾景

## 6.5.1 留出大面积空白使云雾更有意境

留白是拍摄雾景画面的常用构图方式，即通过构图使画面的大部分为云雾或天空，而画面的主体，如树、石、人、建筑物、山等，仅在画面中占据相对较小的面积。

在构图中，注意所选择的画面主体应该是深色或有相对亮丽一点色彩的景物，此时雾气中的景物虚实相间，拍摄出来的照片很有水墨画的感觉。

在拍摄云海时，这种拍摄手法基本上是必用技法之一。事实证明，的确有很多摄影师利用这种方法拍摄出漂亮的有水墨画效果的作品。

24mm F8 6s ISO200

拍摄山景时，由于雾气比较厚重，在前景中纳入了几棵剪影形式的树木，利用明暗的对比拉开了画面的空间

135mm F13 1/25s ISO100

画面中由浅至深、由浓转淡的云雾将树林遮挡得若隐若现、神秘缥缈，表现出唯美的意境，同时增加 I 挡曝光补偿，使云雾更为亮白，层次也更丰富

## 6.5.2 利用虚实对比表现雾景

拍摄云雾场景时要记住，虽然拍摄的是云雾，但云雾在大多数情况下只是陪体，画面要有明确、显著的主体，这个主体可以是青松、怪石、大树、建筑物，只要这个主体的形体轮廓明显、优美即可。

云雾占比例太大，让人感觉画面不够清晰

### 1. 构图

前面说过，画面中要有明显的主体，那么在构图时要用心选择和安排这个主体的比例。若整个画面中云雾占比例太多，而实物纳入得少，就会使画面感觉像是对焦不准；若是整个画面中实物纳入得太多，又显示不出雾天的特点。

只有虚实对比得当，在这种反差的衬托对比下，画面才显得缥缈、灵秀。

前景处的栅栏占比例太大，画面没有雾景的朦胧美

### 2. 设置曝光参数

将拍摄模式设置为光圈优先模式，光圈设置在F4~F11。如果是手持相机拍摄，感光度可以适当高些，根据曝光需求可以设置在ISO200~ISO640，因为雾天通常光线较弱。

设置光圈优先模式

设置光圈

30mm F11 1/60s ISO100

利用前景中的树木与雾气中的树木形成虚实对比，使雾景画面中呈现出较好的节奏感与视觉空间感

### 3. 对焦模式

将对焦模式设置为单次自动对焦模式，自动对焦区域模式设置为单点，在拍摄时使用单个自动对焦点对主体进行对焦（即对准树、怪石、建筑物），能够提高对焦成功率。

如果相机实在难以自动对焦成功，则切换为手动对焦模式，边看取景器边拧动对焦环，直至景物呈现为清晰状态即可。

### 4. 测光

将测光模式设置为评价测光模式，对画面半按快门进行测光。测光后注意观察取景器中显示的曝光参数，如果快门速度低于安全快门，则要调整光圈或感光度值（如果将相机安装在三脚架上拍摄，则不用更改）。

### 5. 曝光补偿

根据“白加黑减”的原则，可以根据云雾在画面中占有的比例，适当增加0.3~1EV的曝光补偿，使云雾更显洁白。

### 6. 拍摄

半按快门对画面进行对焦，对焦成功后完全按下快门按钮完成拍摄。

设置单次对焦模式

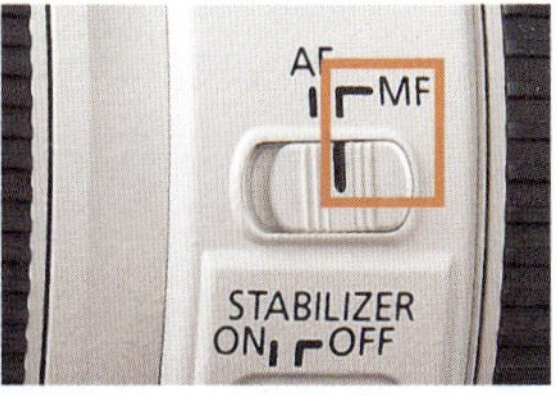

设置手动对焦模式

70mm F2.8 1/400s ISO100

前景处的树很清晰，大面积缭绕的雾气将其他景物遮挡住，呈现出若隐若现的状态，烘托出梦幻、迷离的画面意境

# 6.6 拍摄花卉的技巧

## 6.6.1 选择最能够衬托花卉的背景颜色

在花卉摄影中，背景色作为画面的重要组成部分，起到烘托、映衬主体与丰富作品内涵的积极作用。由于不同的颜色会给人不一样的感觉，所以对比强烈的色彩会使主体与背景之间的对比关系更加突出，而和谐的色彩搭配则让人有惬意、祥和之感。

通常可以采取深色、浅色、蓝天3种背景拍摄花卉。使用深色或浅色背景拍摄花卉的视觉效果极佳，画面中蕴涵着一种特殊的氛围。其中又以最深的黑色与最浅的白色背景最为常见。黑色背景使花卉显得神秘，主体非常突出；白色背景的画面显得简洁，给人一种很纯洁的视觉感受。

拍摄背景全黑的花卉照片的方法有两种：一是在花朵后面放置一张黑色的背景布；二是如果被摄花朵正好处于受光较好的位置，而背景的光线不充足，此时使用点测光模式对花朵亮部进行测光，这样也能拍摄到背景几乎全黑的照片。

如果所拍摄花卉的背景过于杂乱，或者要拍摄的花卉面积较大，无法通过放置深色或浅色的布或板子的方法进行拍摄，则可以考虑采用仰视角度以蓝天为背景进行拍摄，以使画面中的花卉在蓝天的映衬下显得干净、清晰。

90mm F3.2 1/250s ISO200

白色的背景衬托着淡紫色的花卉，拍摄时为了使画面显得清新、淡雅，增加了1挡曝光补偿

35mm F14 1/400s ISO200

以干净的蓝天为画面的背景，更突出了黄色的郁金香，给人清新、自然的感觉

200mm F5 1/160s ISO100

以点测光模式对花朵进行测光，使背景变为非常干净的黑色，与花卉的对比强烈，凸显了花卉的颜色和形态

## 6.6.2 逆光拍出具透明感的花瓣

运用逆光拍摄花卉时，可以清晰地勾勒出花朵的轮廓。如果所拍摄的花的花瓣较薄，则光线能够透过花瓣，使其呈现透明或半透明的效果，从而更细腻地表现出花的质感、层次和花瓣的纹理。拍摄时要用闪光灯、反光板等道具进行适当的补光处理，并以点测光模式对透明的花瓣测光，以花瓣的亮度为基准进行曝光。

80mm F3.2 1/1000s ISO320

采用深色背景将淡粉色的花朵衬托出来，在光影的作用下呈现出美妙的效果

# 6.7 拍摄建筑物的技巧

## 6.7.1 拍出极简风格的几何画面

在拍摄建筑物时，有时在画面中所展现的元素很少，但反而会使画面呈现出更加令人印象深刻的视觉效果。在拍摄建筑物，尤其是现代建筑物时，可以考虑只拍摄建筑物的局部，利用建筑物自身的线条和形状，使画面呈现强烈的极简风格与几何美感。

需要注意的是，如果画面中只有数量很少的几个元素，在构图方面需要非常考究。另外，在拍摄时要大胆利用色彩搭配技巧，增加画面的视觉冲击力。

300mm F4 1/160s ISO400

使用长焦镜头截取建筑物上呈规则排列的窗户，其抽象的效果看起来很有装饰美感

## 6.7.2 使照片出现窥视感

窥视欲是人类与生俱来的一种欲望，摄影师从小小的取景框中看世界，实际上也是一种窥视欲的体现。在窥视欲与好奇心的驱使下，一些非常平淡的场景也会在窥视下变得神秘起来。

在拍摄建筑物时，可以充分利用其结构，使建筑物在画面中形成框架，并通过强烈的明暗、颜色对比引导观者关注到拍摄主体，使画面产生窥视感，从而使照片有一种新奇的感觉。

框架结构还能给观者强烈的现场感，使其觉得自己正置身其中，并通过框架观看场景。另外，如果框架本身就具有形式美感，也能为画面增色不少。

35mm F11 1/500s ISO100

利用弧形的门洞作为框架进行构图，不仅可增加画面的空间感，还突出了主体在画面中的表现

35mm F5.6 1/320s ISO100

框式构图让画面主体更为突出，拍摄这类古典建筑物时很容易寻找到门或窗来形成框架

# 6.8 拍摄夜景的技巧

## 6.8.1 天空深蓝色调的夜景

观看夜景摄影佳片就可以发现，大部分城市夜景照片中的天空都是蓝色调的，而摄影初学者却很郁闷，为什么我就拍不出来那种感觉呢？其实就是拍摄时机没选对，一般为了捕捉到这样的夜景气氛，都不会等到天空完全黑下来才去拍摄，因为照相机对夜色的辨识能力比不上人类的眼睛。

### 1. 最佳拍摄时机

要想获得纯净蓝色调的夜景照片，首先要选择天空能见度好、透明度高的晴天夜晚（雨过天晴的夜晚更佳），在天将黑未黑、城市路灯开始点亮的时候，便是拍摄夜景的最佳时机。

较晚时拍摄的夜景，此时天空已经变成了黑褐色，画面美感不足

### 2. 拍摄装备

建议使用广角镜头拍摄，以表现城市的繁华。另外，还需要使用三脚架固定好相机，并使用快门线拍摄，尽量不要用手直接按快门。

三脚架与快门线

18mm F11 10s ISO200

在天空还未暗下来时，以静静的水面为前景拍摄，建筑物的实体与水面上的倒影形成了对称式构图，黄色的灯光在深蓝色调的衬托下，显得更加迷人

### 3. 设置拍摄参数

将拍摄模式设置为M挡手动模式，设置光圈值为F8~F16，以获得大景深画面。感光度设置在ISO100~ISO200，以获得噪点比较少的画面。

### 4. 设置白平衡模式

为了增强画面的冷暖对比效果，可以将白平衡模式设置为钨丝灯模式。

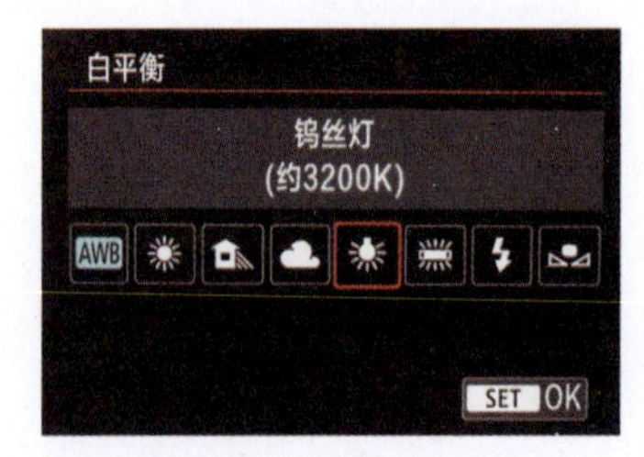


佳能相机设置白平衡模式

### 5. 拍摄方式

夜景光线较弱，为了更好地查看相机参数、构图及对焦，推荐使用实时显示模式取景和拍摄。

### 6. 设置对焦模式

将对焦模式设置为单次自动对焦模式，自动对焦区域模式设置为实时单点自动对焦模式。

如果使用自动对焦模式的对焦成功率不高，则可以切换至手动对焦模式，然后按下放大按钮使画面放大，旋转对焦环进行精确对焦。

佳能80D相机是将实时显示拍摄/短片拍摄开关转至■位置，然后按下START/STOP按钮，即可切换至实时显示拍摄模式

在实时显示拍摄模式下，按下放大按钮，可以将画面放大显示，该功能可以辅助手动对焦

### 7. 设置测光模式

将测光模式设置为评价测光，对画面整体半按快门测光，注意观察显示屏中的曝光指示条，调整曝光数值，使曝光游标处于标准或所需曝光的位置。

35mm F14 8s ISO100

设置评价测光并进行适当的曝光补偿，画面中的天空与地面都有细节

20mm F10 10s ISO100

以深蓝色的天空来衬托夜幕下的建筑物，使其非常突出

## 8. 曝光补偿

由于在评价测光模式下相机是对画面整体测光的，会出现偏亮的情况，需要减少0.3~0.7EV的曝光补偿。在M挡，使游标向负值方向偏移到所需数值即可。

观看显示屏上的曝光指示游标

## 9. 拍摄

一切参数设置妥当后，使对焦点对准画面较亮的区域，半按快门线上的快门按钮进行对焦，然后按下快门按钮拍摄。

17mm F8 8s ISO200

蓝色的天空和在城市灯光照射下呈黄色的建筑物形成了漂亮的冷暖对比效果

## 6.8.2 车流光轨

在夜晚的城市，灯光是主要光源，各式各样的灯光可以顷刻间将城市变得绚烂多彩。疾驰而过的汽车所留下的尾灯痕迹，显示出了都市的节奏和活力，是很多人非常喜欢的一种夜景拍摄题材。

### 1. 最佳拍摄时机

与拍摄蓝调夜景相似，拍摄车流也适合选择在日落后且天空还没完全黑下来的时候开始拍摄。

### 2. 拍摄地点的选择和构图

拍摄地点除了在地面上，还可以寻找如天桥、高楼等地方以高角度拍摄。

拍摄的道路有弯道的最佳，如S形、C形，这样拍摄出来的车流线条非常有动感。如果是直线道路，摄影师可以选择从斜侧方拍摄，使画面形成斜线构图，或者选择道路的正中心点，在道路的尽头安排建筑物入镜，使画面形成牵引式构图。

选择在天完全黑下来的时候拍摄，可以看出，虽然车轨线条很明显，但其他区域都是黑乎乎的，整体美感不强

17mm F16 15s ISO100

摄影师采用放射线构图拍摄车轨，画面非常有延伸感

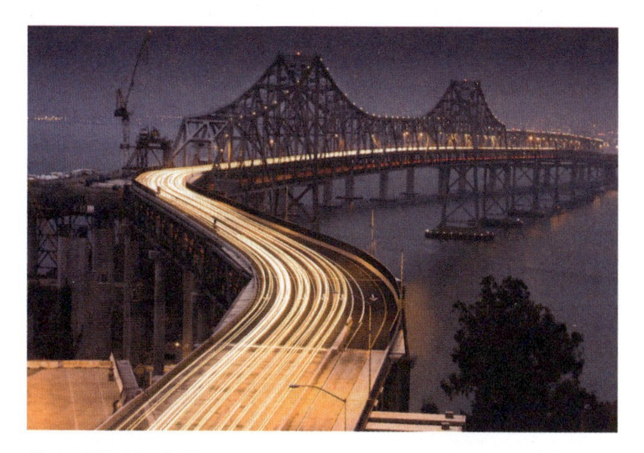

18mm F10 10s ISO200

曲线构图实例，可以看出画面很有动感

20mm F14 20s ISO100

斜线构图实例，可以看出车轨线条很突出

### 3. 拍摄器材

车流光轨是一种需要长时间曝光的夜景题材，曝光时间可以达几秒、甚至几十秒，因此，稳定的三脚架是必备附件之一。为了防止按动快门时的抖动，还需要使用快门线来触发快门。

将背包悬挂在三脚架上，可以提高其稳定性

### 4. 设置拍摄参数

选择M挡手动模式，并根据需要将快门速度设置为30s以内（多试拍几张）。光圈值设置为F8~F16的小光圈，以使车灯形成的线条更细，不容易出现曝光过度的情况。感光度通常设置为最低感光度ISO100（少数中高端相机也支持ISO50），以保证成像质量。

下面4张图是在其他参数不变的情况下，只改变快门速度的效果示例，可以作为曝光参考。

快门速度：1/20s

快门速度：1/5s

快门速度：4s

快门速度：6s

### 5. 拍摄方式

夜景光线较弱，为了更好地查看相机参数、构图及对焦，推荐使用实时显示模式取景拍摄。

### 6. 设置对焦模式

将对焦模式设置为单次自动对焦模式；自动对焦区域模式设置为实时单点自动对焦模式。

如果使用自动对焦模式的对焦成功率不高，则可以切换至手动对焦模式。

### 7. 设置测光模式

将测光模式设置为评价测光，对画面整体半按快门测光，此时注意观察显示屏中的曝光指示条，微调光圈、快门速度、感光度，使曝光游标到达标准或所需曝光的位置处。

### 8. 曝光补偿

在评价测光模式下会出现偏亮的情况，需要减少0.3~0.7EV的曝光补偿。在M挡，调整参数使游标向负值方向偏移到所需数值即可。

### 9. 拍摄

一切参数设置妥当后，使对焦点对准画面较亮的区域，半按快门线上的快门按钮进行对焦，然后按下快门按钮拍摄。

## 6.8.3 奇幻的星轨

### 1. 选择合适的拍摄地点

要拍摄出漂亮的星轨，首要条件是选择合适的拍摄地点，最好在晴朗的夜晚前往郊外或乡村。

### 2. 选择合适的拍摄方位

接下来需要选择拍摄方位，如果将镜头对准北极星，可以拍摄出所有星星都围绕着北极星旋转的环形画面。对准其他方位拍摄的星轨则都呈现为弧形。

### 3. 选择合适的器材和附件

拍摄星轨的场景通常在郊外，气温较低，相机的电量下降得相当快，应该保证相机电池有充足的电量，最好再备一块或两块满电的电池。

长时间曝光时，相机的稳定性是第一位的，稳固的三脚架及快门线也是必备的。

原则上使用什么镜头没有特别规定，但考虑到前景与视野，多数摄影师还是会选用视角广阔、大光圈、锐度高的广角与超广角镜头。

17mm F8 2140s ISO800

表现星轨的画面，可将地面景物也纳入其中，以丰富画面

### 4. 选择合适的拍摄手法

拍摄星轨通常可以用两种方法。一种是通过长时间曝光的前期拍摄，即拍摄时使用B门模式，通常要曝光半小时甚至几个小时。

第二种方法是使用间隔拍摄的手法进行拍摄（如果相机无此功能，可以使用具有定时功能的快门线），使相机在长达几小时的时间内，每隔1s或几秒拍摄一张照片，建议拍摄120~180张，总时间为60~90min。完成拍摄后，利用Photoshop中的堆栈技术，将这些照片合成为一张星轨迹照片。

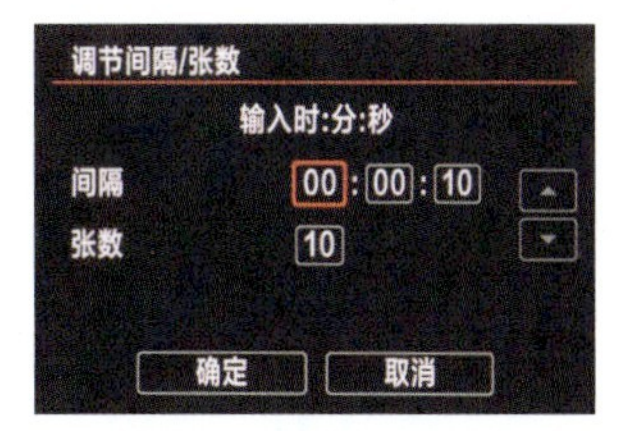

佳能相机的间隔定时器菜单

在国家大剧院前面拍摄的一系列素材

通过后期处理得到的成片

### 5. 选择合适的对焦

如果远方有灯光，可以先对灯光附近的景物进行对焦，然后切换至手动对焦方式进行构图拍摄，也可以直接旋转变焦环将焦点对在无穷远处，即旋转变焦环直至到达标有∞符号的位置。

### 6. 构图

在构图时为了避免画面过于单调，可以将地面的景物与星星同时摄入画面，使作品更生动活泼。如果地面的景物没有光照，可以通过闪光灯进行人工补光。

### 7. 确定曝光参数

无论使用哪一种方法拍摄星轨，设置参数都可以遵循下面的原则。

尽量使用大光圈。这样可以吸收更多光线，让更暗的星星也能呈现出来，以保证得到较清晰的星光轨迹。

感光度适当调高。可以根据相机的高感表现，设置为ISO400~ISO3200，这样便能感受到更多光线，让肉眼看不到的星星也能被拍下来，但感光度数值最好不要超过相机最高感光度的一半，否则噪点会很多。

如果使用间隔拍摄的方法拍摄星轨，对于快门速度，推荐设置为8s以内。

### 8. 拍摄

当确定好构图、曝光参数和对焦后，如果是使用第一种方法拍摄，释放快门线上的快门按钮并将其锁定，相机将开始曝光，曝光时间越长，画面上星星划出的轨迹就越长、越明显，当曝光达到所需的曝光时间后，再解锁快门按钮结束拍摄即可。

如果是使用第二种方法拍摄，当设置完间隔拍摄选项后，佳能相机会在拍摄第一张照片后，按照所设定的参数进行连续拍摄，直至拍完所设定的张数，才会停止拍摄。

18mm F5 2610s ISO400

通过2610s的长时间曝光，得到了线条感明显的星轨

# 第7章 拍摄视频需要准备的软硬件

# 7.1 根据需求选择相机

在选择拍摄视频所用的相机时，一定要以是否适合自己的需求为先决条件，然后再考虑能否在同样定位的机型中，选择性能更强大的。例如以目前非常火爆的 vlog 拍摄为例，虽然松下 GH5S 性能足够强大，但其又重又大的机身并不便于携带，所以在拍摄 vlog 的实际体验中，甚至不如价格便宜很多的佳能 G7 X2。

为了让大家可以选择到拍摄视频用的、最适合自己的相机，下面将介绍 3 种不同需求下，拍摄视频所用相机的选择重点，以及相应的机型推荐。

## 7.1.1 拍摄短视频与vlog所需的相机

拍摄短视频与 vlog 所需要的相机一定要满足 4 个条件——轻便、防抖、对焦快、翻转屏。可以说，只要满足这 4 个条件的机型，都很适合拍摄短视频和 vlog，而只要其中有一个条件不满足，就可能会为拍摄带来麻烦。接下来，只需要根据个人的预算，在满足这 4 个条件的机型中，选择性能最强的那一款就可以了。

例如佳能 G7 X2、M200 都是性价比很高的相机；而索尼 a6400、富士 X-T200、松下 GX9 则属于性能更强大的中端机型；索尼 a6600 是适合拍摄短视频与 vlog 的高端机型。

佳能 G7 X2

松下 GX9

## 7.1.2 拍摄电影级画质视频的相机

所谓“电影级画质”，意味着“三高”，分别为高分辨率、高帧频、高色深。因此，支持 4K（分辨率）/60p（帧频）、4:2:2 色度采样以及 10bit 色深内录是基本要求。而能够满足此要求的，基本上都是各相机品牌的高端视频机。例如索尼 A7 S3，其不但满足以上基本要求，甚至支持 4K/120p 高帧率视频录制；而佳能 EOS R5 则是首款支持 8K 视频录制的微单机型；相比 A7 S3 和 EOS R5，松下 GH5S 虽然没有太突出的性能表现，但也满足上文提到的基本要求，再考虑到其相对较低的价格，可以说是拍摄电影级画质视频的性价比之选。

索尼 A7 S3

松下 GH5S

### 7.1.3 同时兼顾视频拍摄与图片拍摄的相机

对于选择微单或者单反相机进行视频拍摄的人，有一部分则希望可以兼顾视频与静态图片拍摄。因此，在选择相机时，就不仅要关注与视频拍摄相关的指标（分辨率、帧频、色度采样等），还需要关注像素、连拍速度、对焦速度，以及是否具有先进的图片处理技术等。所以，上文提到的机型的价格虽然昂贵，但作为专门为拍摄视频所设计的机型就不太合适了，例如索尼 A7 S3，松下 GH5S 等。

而佳能 5D Mark Ⅳ、索尼 A7 M3、尼康 Z6/Z7 则属于很好地均衡了图片拍摄与视频拍摄的机型。不但具备拍摄 4K 视频拍摄能力（虽然可能达不到 4K/60p），还具有较高的像素，可以为二次构图提供较大的空间，适合既有静态图片拍摄需求，又有视频拍摄需求的朋友选择。

佳能 5D Mark Ⅳ

尼康 Z7

## 7.2 根据需求选择镜头

因为无论是拍摄视频，还是拍摄照片，对于镜头的要求并没有区别，都是畸变越小越好，成像越清晰越好，光圈越大越好。因此，并没有专门为拍摄视频而设计的镜头。换句话说，视频拍摄的镜头选择与照片拍摄的镜头选择，其考虑重点是相同的，都是根据题材选择合适的镜头焦段，然后再从特定的焦段中，选择成像质量最好，并且在预算范围内的镜头。

需要格外强调的是，任何焦段的镜头都可以拍摄任意题材，而现在讨论的只是在大部分情况下，镜头焦段与所拍题材之间的关系。

### 7.2.1 适合录制风光视频的镜头

超广角或者广角镜头是录制风光类视频的常见选择，其焦段大多集中在 14~35mm。对于追求高品质风光视频的人，SIGMA 14mm F1.8、Canon 16-35mm F2.8L 以及 Nikon 14-24 F2.8L 均为较好的选择。14mm 左右的焦段不但非常容易利用强化透视畸变的特点获得具有视觉冲击力的视频画面，还是目前具有自动对焦的最广焦距（除鱼眼镜头外），大光圈也有利于在弱光环境下使用更低的感光度，拍出画质更高的视频。

SIGMA 14mm F1.8

而该类镜头的缺点就是价格昂贵，并且较重，对于非专业的风光视频拍摄者而言不是十分合适。那么，针对此类用户，笔者推荐 Sigma 18-35mm F1.8 或者 Canon 17-40mm F4L，这两支镜头不但价格较低、重量较轻，而且同样具有较高的成像素质。

Canon 17-40mm F4L

## 7.2.2 适合录制人物视频的镜头

Nikon 50mm F1.4G

50mm 焦距镜头作为 135 相机的标准镜头，近可录近景人物视频，远可录环境人物视频，几乎是一支人手必备的镜头。而且，各大主流相机品牌的 50mm 定焦镜头的价格都不高，也是高性价比之选。对于预算较高，追求极致画质的用户，则可以选择 Zeiss Milvus 50mm F1.4，相信其成像质量一定不会让你失望。但要说拍摄环境人物视频的最佳焦段，就不得不提 35mm 焦距镜头，其可以在合适的距离，录制出兼顾环境与人物表现的视频画面。

除此之外，70~200mm 的变焦镜头则非常适合进行人物近景以及特写的录制。而主流相机品牌在这个焦段也都具有成像质量很高的招牌产品，例如 Nikon 70-200mm F2.8G、Canon 70-200mm F2.8 L 等。值得一提的是，注意选择匹配自己相机卡口的镜头，因为尼康与佳能对单反和微单相机均采用两种不同的卡口。

Canon 70-200mm F2.8L

## 7.2.3 适合录制多种题材的镜头

具有较大变焦比的镜头，往往适合多种题材的视频拍摄，例如 Canon 24-105mm F4L、Nikon 24-120mm f/4G 等。此类镜头使用广角端可以录制风光视频，使用长焦端可以录制人物类视频，并且其画质也可圈可点。由于大变焦比与高质量成像很难兼得，所以如果希望获得比上述镜头更锐利的成像质量，可以考虑各品牌的 24-70mm 镜头，例如 Canon 24-70mm F2.8L、Nikon 24-70mm f/2.8G 等。

另外，还有一些价格较为低廉的大变焦比镜头，例如 Nikon 18-105mm f/3.5-5.6 或者 Canon 18-135mm USM 等，但其成像质量较差，所以并不推荐。

Canon 24-105mm F4L

Nikon 24-70mm F2.8E

# 7.3 视频拍摄稳定设备

## 7.3.1 手持式稳定器

在手持相机的情况下拍摄视频，往往会产生明显的抖动。此时就需要使用可以让画面更稳定的器材，例如手持稳定器。

这种稳定器的操作无须练习，只要选择相应的模式，就可以拍出比较稳定的画面，而且体积小、重量轻，非常适合业余视频爱好者使用。

在拍摄过程中，稳定器会不断自动调整，从而抵消手抖或者在移动时造成的相机振动。

由于此类稳定器是电动的，所以在搭配手机 APP 后，可以实现一键拍摄全景、延时、慢门轨迹等特殊效果。

手持式稳定器

## 7.3.2 小斯坦尼康

斯坦尼康（Steadicam），即摄像机稳定器，由美国人 Garrett Brown 发明，自 20 世纪 70 年代开始逐渐为业内人士普遍使用。

这种稳定器属于专业摄像的稳定设备，主要用于手持移动录制。虽然同样可以手持，但它的体积和重量都比较大，适用于专业摄像机使用，并且是以穿戴式手持设备的形式设计出来的，所以对于普通摄影爱好者来说，斯坦尼康显然并不适用。

因此，为了在体积、重量和稳定效果之间找到一个平衡点，小斯坦尼康问世了。

这款稳定设备在斯坦尼康的基础上，对体积和重量进行了压缩，从而无须穿戴，只要手持即可使用。

由于其依然具有不错的稳定效果，所以即便是专业的视频制作工作室，在拍摄一些不是很重要的素材时依旧会使用。

但需要强调的是，无论是斯坦尼康，还是小斯坦尼康，都采用纯物理减振原理，所以需要一定的练习才能实现良好的拍摄效果。因此，只建议追求专业级摄像效果的人员使用。

小斯坦尼康

## 7.3.3 单反肩托架

单反肩托架，作为一个相比小型稳定器而言，是更专业的稳定设备。

肩托架并没有稳定器那么多的智能化功能，但它结构简单，没有任何电子元件，在各种环境中均可使用，并且只要掌握一定的技巧，在稳定性上也更胜一筹。毕竟通过肩部受力，大幅降低了手抖和走动过程中造成的画面抖动。

不仅是单反肩托架，在利用其他稳定器拍摄时，如果掌握一些拍摄技巧，同样可以增加画面稳定性。

单反肩托架

## 7.3.4 摄像专用三脚架

与便携的摄影三脚架相比，摄像三脚架为了更好的稳定性牺牲了便携性。

一般来讲，摄影三脚架在3个方向上各有1根脚管，也就是三脚管。而摄像三脚架在3个方向上最少各有3根脚管，也就是共有9根脚管，再加上底部的脚管连接设计，其稳定性要高于摄影三脚架。另外，脚管数量越多的摄像专用三脚架，其最大高度也更高。

云台方面，为了在摄像时能够实现单一方向上精确、稳定地转换视角操作，所以摄像三脚架一般使用带摇杆的三维云台。

摄像专用三脚架

## 7.3.5 滑轨

相比稳定器，利用滑轨移动相机录制视频可以获得更稳定、更流畅的视频效果。利用滑轨进行移镜、推镜等运镜操作时，可以呈现出电影级的效果，所以是更专业的视频录制设备。

另外，如果希望在录制延时视频时呈现一定的运镜效果，一个电动滑轨就十分必要了。因为电动滑轨可以实现微小的、匀速的持续移动，从而在短距离的移动过程中，拍摄下多张延时素材，这样通过后期合成，就可以得到连贯的、顺畅的、带有运镜效果的延时视频片段。

滑轨

# 7.4 视频拍摄的存储设备

如果你的相机本身支持4K视频录制，但却无法正常拍摄，造成这种情况的原因往往是存储卡没有达到要求。另外，本节还将介绍一种新兴的文件存储方式，可以让海量视频文件更容易存储、管理和分享。

## 7.4.1 SD存储卡

现今的中高端单反、微单相机，大部分都支持录制 4K 视频。而由于 4K 视频在录制过程中，每秒都需要存入大量信息，所以要求存储卡具有较高的写入速度。

通常来讲，U3 速度等级的 SD 存储卡（存储卡上有 U3 标示），其写入速度基本在 75MB/s 以上，可以满足码率低于 200Mbps 的 4K 视频录制。

如果要录制码率达到 400Mbps 的视频，则需要购买写入速度达到 100MB/s 以上的 UHS-II 存储卡。UHS（Ultra High Speed）是指超高速接口，而不同的速度级别以 UHS-I、UHS-II、UHS-III 标示，其中速度最快的是 UHS-III，其读写速度最低也能达到 150MB/s。

速度级别越高的存储卡的价格越高，以 UHS-II 存储卡为例，容量为 64GB 的存储卡，其价格最低也要 400 元左右。

SD存储卡

## 7.4.2 CF存储卡

除了 SD 卡，部分中高端相机还支持使用 CF 卡。CF 卡的写入速度普遍比较高，但由于卡面上往往只标注读取速度，并且没有速度等级标识，所以建议在购买前确认写入速度是否高于 75MB/s。如果高于 75MB/s，则可胜任 4K 视频的拍摄。

需要注意的是，在录制 4K/30P 视频时，一张 64GB 的存储卡大概能录 15min 左右的视频。所以也要考虑录制时长，购买能够满足拍摄要求的存储卡。

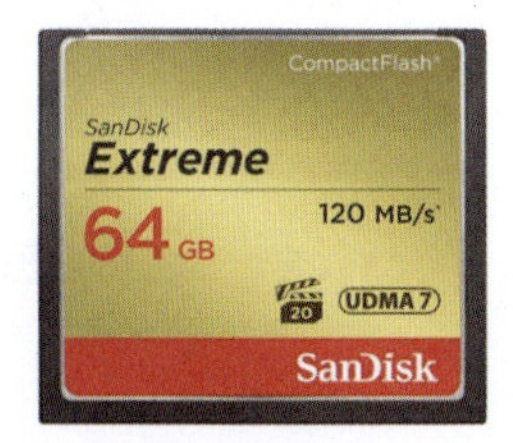

CF存储卡

## 7.4.3 NAS网络存储服务器

由于 4K 视频的文件较大，经常进行视频录制的用户，往往需要购买多块硬盘进行存储。这样做会导致寻找个别视频时费时费力，在文件管理和访问方面都不方便。而 NAS 网络存储服务器则让大尺寸的 4K 文件也可以随时访问，并且同时支持手机端和计算机端。在建立多个账户并设定权限的情况下，还可以让多人同时使用，并且保证个人隐私，为文件的共享和访问带来便利。

一听“服务器”，可能会觉得离自己非常遥远，其实目前市场上已经有成熟的产品。例如西部数据或群晖都有多种型号的 NAS 网络存储服务器可供选择，并且可以轻松上手。

NAS网络存储服务器

# 7.5 视频拍摄的拾音设备

在室外或者不够安静的室内录制视频时，单纯通过相机自带的麦克风往往无法得到满意的收音效果，此时就需要使用外接麦克风来提高视频中的音质。

## 7.5.1 便携的“小蜜蜂”

无线领夹麦克风也被称为“小蜜蜂”，其优势在于小巧便携，并且可以在不面对镜头，或者在运动过程中收音。但缺点是需要对多人收音时，需要准备多个发射端，相对来说会比较麻烦。

另外，在录制采访视频时，也可以将“小蜜蜂”发射端拿在手里，当作“话筒”使用。

便携的“小蜜蜂”

## 7.5.2 枪式指向性麦克风

枪式指向性麦克风通常安装在相机的热靴上，因此录制一些面对镜头说话的视频，例如讲解类、采访类视频时，就可以着重采集话筒前方的语音，避免周围环境带来的噪声。

而且在使用枪式麦克风时，也不用在身上佩戴麦克风，可以让被摄者的仪表更自然、美观。

枪式指向性麦克风

## 7.5.3 记得为麦克风戴上防风罩

为避免户外录制时出现风噪声，建议为麦克风戴上防风罩。防风罩主要分为毛套防风罩和海绵防风罩，其中海绵防风罩也被称为“防喷罩”。

一般来说，户外拍摄建议使用毛套防风罩，其效果相比海绵防风罩更好。

而在室内录制时，使用海绵防风罩即可，不但能起到去除杂音的作用，还可以防止唾液喷入麦克风，这也是海绵防风罩也被称为“防喷罩”的原因。

麦克风专用防风罩

# 7.6 视频拍摄的灯光设备

在室内录制视频时，如果利用自然光来照明，如果录制时间稍长，光线就会发生变化。例如下午2点到5点这3个小时，光线的强度和色温都在不断降低，导致画面出现由亮到暗、由色彩正常到色彩偏暖的变化，从而很难拍出画面影调、色彩一致的视频。而如果采用室内一般灯光进行拍摄，灯光亮度又不够，打光效果也无法控制。所以，想录制出效果更好的视频，一些比较专业的室内灯具是必不可少的。

## 7.6.1 简单实用的平板LED灯

一般来讲，在视频拍摄时往往需要比较柔和的光线，让画面中不会出现明显的阴影，并且呈现柔和的明暗过渡。而平板 LED 灯在不增加任何其他配件的情况下，本身就能通过大面积的灯珠打出比较柔和的光线。

当然，平板 LED 灯也可以增加色片、柔光板等配件，让光质和光源色产生变化。

简单实用的平板LED灯

## 7.6.2 更多功能的COB影视灯

这种灯的形状与影室闪光灯类似，并且同样带有灯罩卡口，从而让影室闪光灯可用的配件，在 COB 影视灯上也能使用，让灯光更可控。

常用的配件有雷达罩、柔光箱、标准罩、束光筒等，可以打出或柔和或硬朗的光线。

因此，丰富的配件和光效是更多人选择 COB 影视灯的原因。有时候也会主灯用 COB 影视灯，辅助灯用平板 LED 灯进行组合布光。

COB影视灯搭配柔光箱

## 7.6.3 短视频博主最爱的LED环形灯

如果不懂布光，或者不希望在布光上花费太多时间，只需要在面前放一盏 LED 环形灯，即可均匀地打亮面部并形成眼神光。

当然，LED 环形灯也可以配合其他灯光使用，让面部光影更均匀。

短视频博主最爱的LED环形灯

## 7.7 简单实用的三点布光法

三点布光法是短视频、微电影的常用布光方法，其“三点”分别为位于主体侧前方的主光，以及另一侧的辅光和侧逆位的轮廓光。

这种布光方法既可以打亮主体，将主体与背景分离，还能够营造一定的层次感和造型感。

一般情况下，主光的光质相对辅光要硬一些，从而让主体形成一定的阴影，增加影调的层次感。可以使用标准罩或蜂巢来营造硬光，也可以通过相对较远的灯位来提高光线的方向性，也正是因为这个原因，所以在三点布光法中，主光的距离往往比辅光要远一些。辅助光作为补充光线，其强度应该比主光弱，主要用来形成较为平缓的明暗对比。

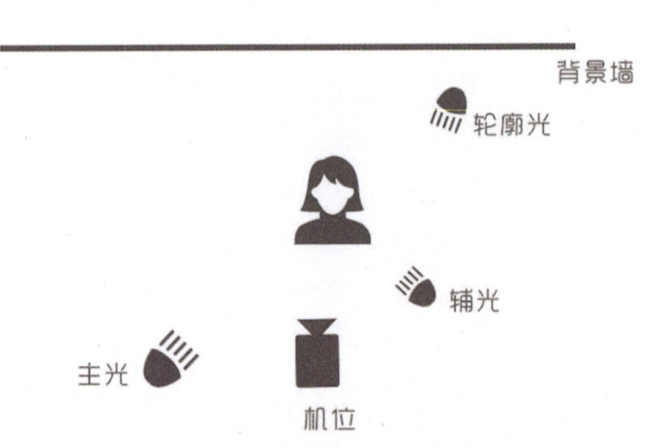


在三点布光法中，也可以不要轮廓光，而用背景光来代替。从而降低人物与背景的对比，让画面整体更明亮，影调也更自然。如果想为背景光加上不同颜色的色片，还可以通过色彩营造独特的画面氛围。

## 7.8 视频拍摄的外采设备

视频拍摄外采设备也被称为监视器、记录仪、录机等，它的作用主要有两点：一是能提升相机的画质，拍摄更高质量的视频；二是可以当一台监视器使用，代替相机上的小屏幕，在录制过程中进行更精细的观察。

这里以佳能EOS R为例，在视频录制规格的官方描述中明确指出了外部输出规格：裁剪4K UHD 30P 视频，10bit色彩深度，422采样，支持C-Log；而机内录制仅能达到8bit色彩深度，420采样，且不支持C-log。这证明官方承认并鼓励通过外采设备获得更高画质的视频。

由于监视器的亮度更高，所以即便在户外强光下，也可以清晰看到录制效果。并且对于相机自带的屏幕而言，监视器的屏幕尺寸更大，也就更容易对画面的细节进行观察。同时，利用监视器还可以直接将相机以C-log曲线录制的画面转换为HDR效果输出在屏幕上，让画面效果展示得更直观。

对于外采设备的选择，笔者推荐NINJA V ATOMOS监视器，尺寸小巧，并且功能强大，安装在无反相机的热靴上进行长时间拍摄也不会觉得有什么负担。

# 7.9 利用外接电源进行长时间录制

在进行长时间视频录制时，一块电池的电量很有可能不够用。而如果更换电池，势必会导致拍摄中断。为了解决这个问题，可以使用外接电源进行连续拍摄。

由于外接电源可以使用充电宝进行供电，因此只需购买一个大容量的充电宝，即可大幅延长视频的录制时间。

另外，如果在室内固定机位进行录制，还可以选择直接连接电源进行供电，从而避免在长时间拍摄过程中出现电量不足的问题。

可以直连插座的外接电源

可以连接移动电源的外接电源

通过外接电源用充电宝为相机供电

# 7.10 通过提词器让语言更流畅

提词器是通过一个高亮度的显示器显示文稿内容，并将显示器显示内容反射到相机镜头前一块呈45° 角的专用镀膜玻璃上，把台词反射出来的设备。它可以让演讲者在看演讲词时，依旧保持很自然地对着镜头说话的感觉。

由于提词器需要经过镜面反射，所以除了硬件设备，还需要使用软件来将正常的文字进行方向上的反转，从而在提词器上显示出正常的文稿。

通过提词器软件，文字的大小、颜色、文字滚动速度均可以按照演讲人的需求改变。值得一提的是，如果是一个团队进行视频录制，可以派专人控制提词器，从而确保提词速度可以根据演讲人的语速变化而变化。

如果更看中便携性，也可以用手机当作简易提词器。

使用这种提词器配合单反相机拍摄时，要注意支架的稳定性，必要时需要在支架前方进行配重，以免因为单反相机太重，而支架又比较单薄，导致设备损坏。

专业提词器

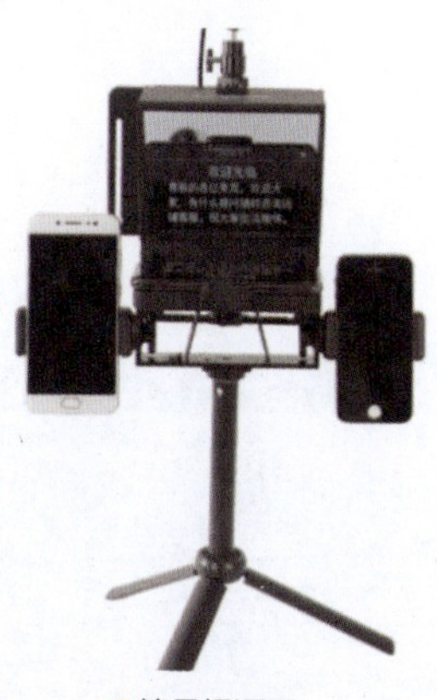

简易提词器

# 第8章 拍摄视频的基本流程

# 8.1 理解视频拍摄中的参数含义

## 8.1.1 理解视频分辨率并进行合理设置

视频分辨率指每一格画面中所显示的像素数量，通常以水平像素数量与垂直像素数量的乘积或垂直像素数量表示。视频分辨率数值越大，画面就越精细，画质就越好。

佳能的每一代旗舰机型在视频功能上均有所增强，以佳能 R5 为例，其在视频方面的一大亮点就是支持 8K 视频录制。在 8K 视频录制模式下，可以录制最高帧频为 30P、文件无压缩的超高清视频。相比中低端机型，例如佳能 60D，则可以录制画质更细腻的视频画面。

需要额外注意的是，若要享受高分辨率带来的精细画质，除了需要设置相机录制高分辨率的视频，还需要观看视频的设备具有该分辨率画面的播放能力。

例如使用佳能 5D Mark IV 录制了一段 4K（分辨率为 4096×2160）视频，但观看这段视频的电视、平板或者手机只支持全高清（分辨率为 1920×1080）播放，那么呈现出来的视频画质就只能达到全高清，而到不了 4K 的水平。

因此，建议在拍摄视频之前先确定输出端的分辨率上限，然后再确定相机视频的分辨率设置，避免因为过大的文件对存储和后期处理等操作造成没必要的负担。

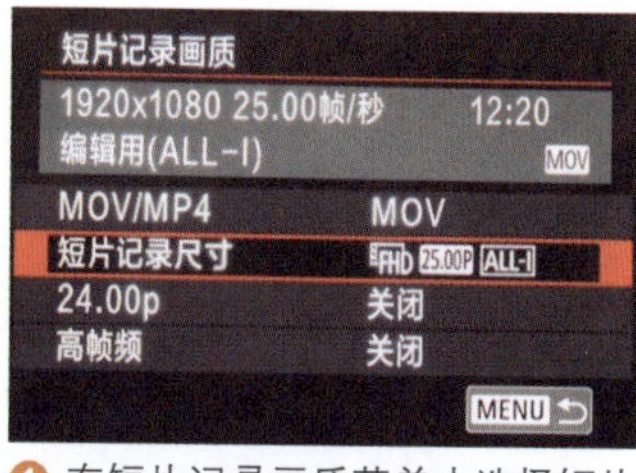

❶ 在短片记录画质菜单中选择短片记录尺寸选项

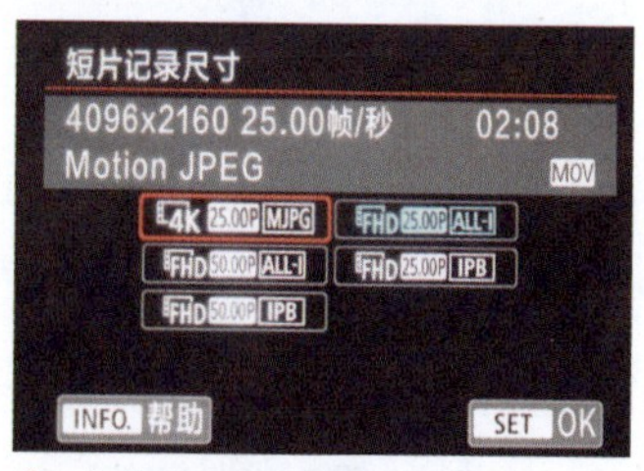

❷ 点击选择带4K图标的选项，然后点击SET OK图标确定

## 8.1.2 设定视频制式

不同国家或地区的电视台所播放视频的帧频各有规定，称为电视制式。全球分为两种电视制式，分别为北美、日本、韩国、墨西哥等国家使用的 NTSC 制式和中国、欧洲各国、俄罗斯、澳大利亚等国家使用的 PAL 制式。

选择不同的视频制式后，可选择的帧频会有所变化。例如在佳能 5D Mark IV 中选择 NTSC 制式后，可选择的帧频为 119.9P、59.94P 和 29.97P；选择 PAL 制式后，可选择的帧频为 100P、50P、25P。

需要注意的是，只有在所拍视频需要在电视台播放时，才会对视频制式有严格要求。如果只是拍摄后上传视频平台，选择任意视频制式均可以正常播放。

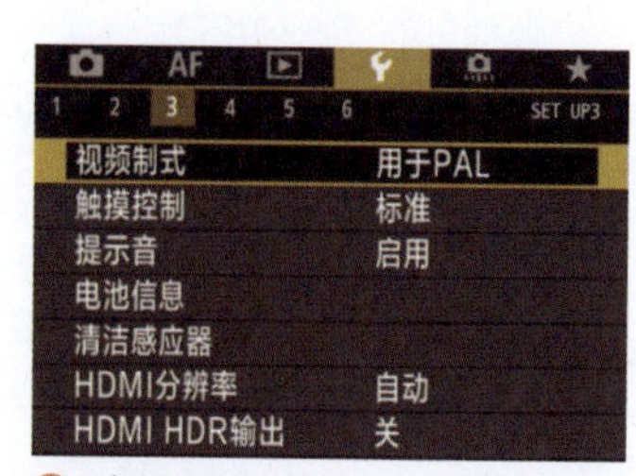

❶ 在设置菜单3中选择视频制式选项

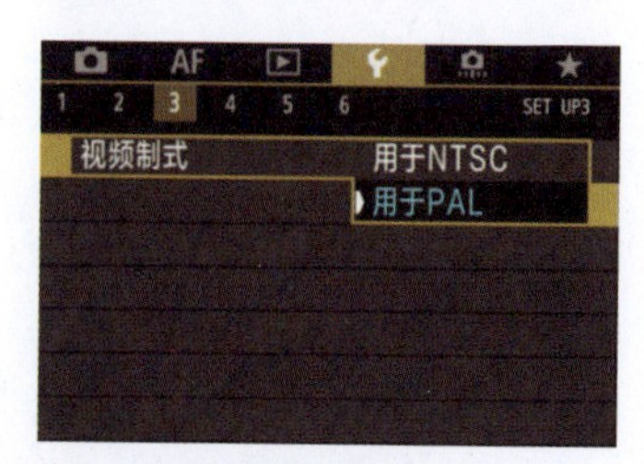

❷ 点击选择所需的选项

## 8.1.3 理解帧频并进行合理设置

无论选择哪种视频制式，均有多种帧频可供选择。帧频也被称为“帧每秒（fps）”，是指一个视频中每秒展示出来的画面数，在佳能相机中以单位 P 表示。例如，一般电影以每秒 24 张画面的速度播放，也就是一秒内在屏幕上连续显示出 24 张静止画面，其帧频为 24P。由于视觉暂留效应，使观众看上去画面是动态的。

显然，每秒显示的画面数越多，视觉动态效果就越流畅，反之，如果画面越少，观看时就越会有卡顿的感觉。因此，在录制景物高速运动的视频时，建议设置为较高的帧频，从而尽量让每一个动作都能更清晰、流畅；而在录制访谈、会议等视频时，则使用较低帧频录制即可。

当然，如果录制条件允许，建议以高帧数录制，这样可以在后期处理时拥有更多的处理空间，例如得到慢镜头效果。像 EOS R5 在 4K 分辨率拍摄的情况下，依然支持 120fps 视频拍摄，可以同时实现高画质与高帧频。

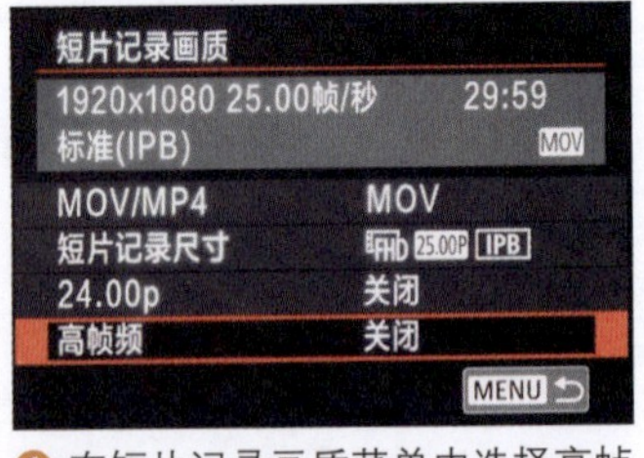


❶ 在短片记录画质菜单中选择高帧频选项

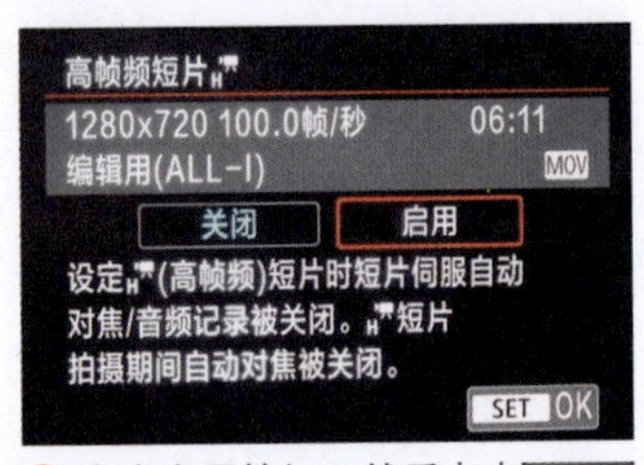


❷ 点击启用按钮，然后点击SET OK图标确定

## 8.1.4 理解码率

码率也被称为“比特率”，指每秒传送的比特(bit)数，单位为 bps（Bit Per Second）。码率越高，每秒传送数据就越多，画质就越清晰，但对存储卡的写入速度要求也更高。

在佳能相机中虽然无法直接设置码率，但却可以对压缩方式进行选择。在MJPG、ALL-I、IPB和IPB这4种压缩方式中，压缩率逐渐提高，因此压制出的视频码率则依次降低。

其中可以得到最高码率的MJPG压缩模式，根据不同的机型，其码率也有差异。例如佳能EOS R在选择MJPG压缩模式后，可以得到的码率为480Mbps，而5D Mark IV则为500Mbps。

值得一提的是，如果要录制码率超过400Mbps的视频，需要使用UHS-II存储卡，也就是写入速度最少达到100MB/s，否则无法正常拍摄。而且由于码率过高，视频文件尺寸也会变大。以EOS R为例，录制一段码率为480Mbps、时长为8分钟的视频则需要占用32GB的存储空间。

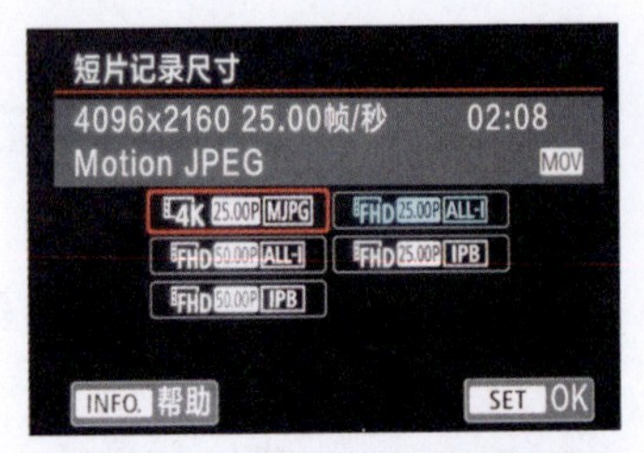


❶在短片记录尺寸菜单中可以选择不同的压缩方式，以此控制码率

# 8.2 理解色深

色深作为一个色彩专有名词，在拍摄照片、录制视频，以及购买显示器的时候都会接触到，例如8bit、10bit、12bit等。这个参数其实是表示记录或者显示照片或视频的颜色数量。如何理解这个参数？理解这个参数又有何意义？下文将进行详细讲解。

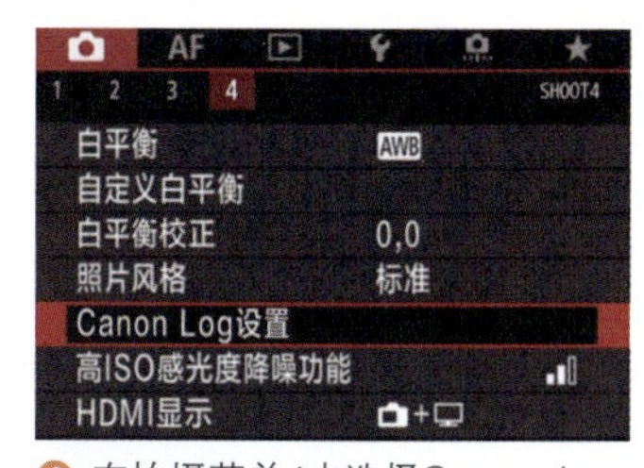


❶ 在拍摄菜单4中选择Canon Log设置选项

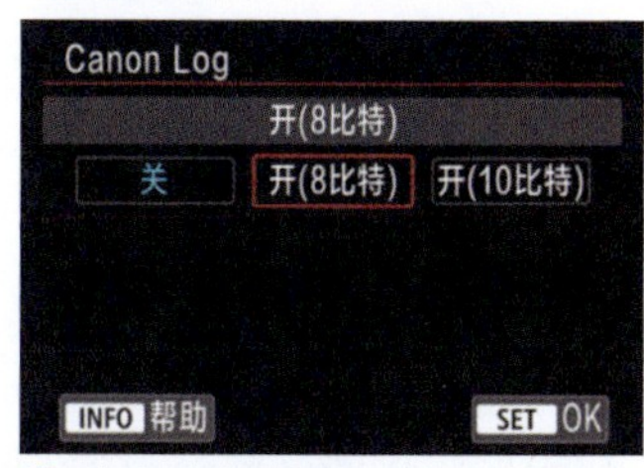


❷ 点击选择所需选项，然后点击SET OK图标确定

## 8.2.1 理解色深的含义

### 1.理解色深要先理解RGB

在理解色深之前，先要理解RGB。RGB即三原色，分别为红（R）、绿（G）、蓝（B）。我们现在从显示器或者电视上看到的任何一种色彩，都是通过红、绿、蓝这3种色彩进行混合而得到的。

但在混合过程中，当红、绿、蓝这3种色彩的深浅不同时，得到的色彩肯定也是不同的。

例如面前有一个调色盘，其中先放上绿色的颜料，当分别混合深一点的红色和浅一点的红色时，其得到的色彩肯定不同。那么，当手中有10种不同深浅的红色和一种绿色时，那么就能调配出10种色彩。所以，颜色的深浅就与可以呈现的色彩数量产生了关系。

### 2.理解灰阶

上文所说的色彩深浅，用专业的说法，其实就是灰阶。不同的灰阶是以亮度作为区分的，例如右图所示的就是16个灰阶。

而当颜色也具有不同的亮度时，也就是具有不同灰阶的时候，表现出来的其实就是所谓色彩的深浅不同，如右下图所示。

### 3.理解色深

前面做好了铺垫，对色深就比较好理解了。首先色深的单位是bit，1bit代表具有2个灰阶，也就是一种颜色具有2种不同的深浅；2bit代表具有4个灰阶，也就是一种颜色具有4种不同的深浅色；3bit代表8种……

所以*N* bit，就代表一种颜色包含2的*N*次方种不同深浅的颜色。

那么所谓的色深为8bit，就可以理解为，有2的8次方，也就是256种深浅不同的红色，256种深浅不同的绿色和256种深浅不同的蓝色。

这些颜色，一共能混合出256×256×256=16777216种色彩。

因此，以佳能5D Mark IV为例，其拍摄的视频色彩深度为8bit，就是指可以记录16777216种色彩的意思，所以说色深是表示色彩数量的概念。

| | R | G | B | 色彩数量 |
|---|---|---|---|---|
| 8bit | 256 | 256 | 256 | 1677 万 |
| 10bit | 1024 | 1024 | 1024 | 10.7 亿 |
| 12bit | 4096 | 4096 | 4096 | 680 亿 |

## 8.2.2 设置为较高色深的好处

### 1.在后期处理中设置为高色深数值

即便视频或图片最后需要保存为低色深文件，但既然高色深代表着数量更多、更细腻的色彩，所以在后期处理时，为了对画面色彩进行更精细的调整，建议将色深设置为较大数值，然后在最终保存时再降低色深。

这种操作方法的好处有两个，一是可以最大化利用相机录制的丰富色彩细节；二是在后期对色彩进行处理时，可以得到更细腻的色彩过渡。

所以，建议在后期处理时将色彩空间设置为ProPhoto RGB，色彩深度设置为16位/通道，在导出时保存为色深8位/通道的图片或视频，以尽可能得到更高画质的图像或视频。

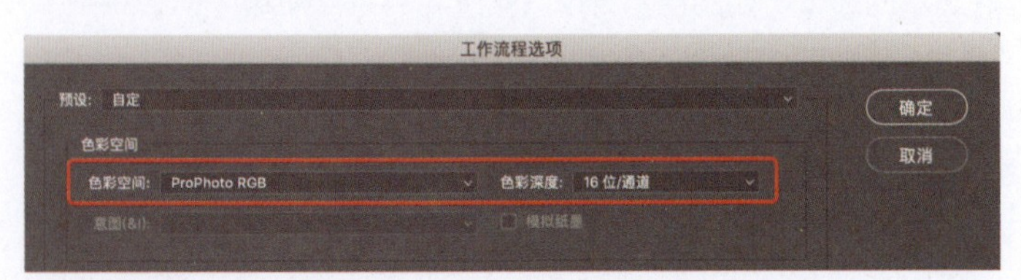


在后期处理软件中设置较高的色深（色彩深度）和色彩空间

### 2.有目的地搭建视频录制与显示平台

理解色深主要是为了知道从图像采集到解码再到显示，只有均达到同一色深标准才能够真正体会到高色深带来的细腻色彩。

目前大部分佳能相机均支持 8bit 色深采集，但个别机型，如 EOS R5，已经支持机内录制 10bit 色深视频，而 EOS R 则在搭配录机的情况下，可以达到 10bit 色深录制。

那么以使用 EOS R 为例，在购买录机实现 10bit 色深录制后，为了能够完成更高色深视频的后期处理及显示，需要提高用来解码的显卡性能，并搭配色深达到 10bit 的显示器，来能显示出所有 EOS R 记录下的色彩。

当从录制到处理再到输出的整个环节均符合 10bit 色深标准后，才能真正享受到色深提升的好处。

想体会到高色深的优势就要搭建符合高色深要求的录制、处理和显示平台

## 8.2.3 理解色度采样

相信大家在查看相机视频拍摄性能时，经常会看到这样的一些参数值，例如 8 比特 420，10 比特 422，或者 10 比特 444，这实际上就是色度采样，要理解这些数字，就要将它们的含义说清楚，首先还是视频的颜色模型。

在视频领域，颜色模型并不是平面或影像领域常见的 RGB，而是 YUV。这种色彩编码方式的优点是，将图像的亮度信息和色度信息分离，而我们知道视频其实就是一张一张的图像组成的。其中，Y 代表的是图像画面的亮度信息，而 UV 合成色度信息。在对视频文件进行编码打包时，通常会对 UV 的色度信息进行压缩，其压缩率可以达到 50%，以减小视频文件的体积，使其便于传输。这是因为人眼对亮度信息非常敏感，而对有细微变化的颜色并不敏感，所以亮度信息被完整保留，而色度信息则被有效压缩。

420、422、444 的区别正是压缩方式的不同，其中第一个数字即代表了 Y，而后面的两个数字则为 UV。下面为了便于讲解将一张图像简化成为 8 个像素。如果这 8 个像素中的每个像素均有不同的亮度与色度信息，则其色度采样方式为 444，如下图所示。

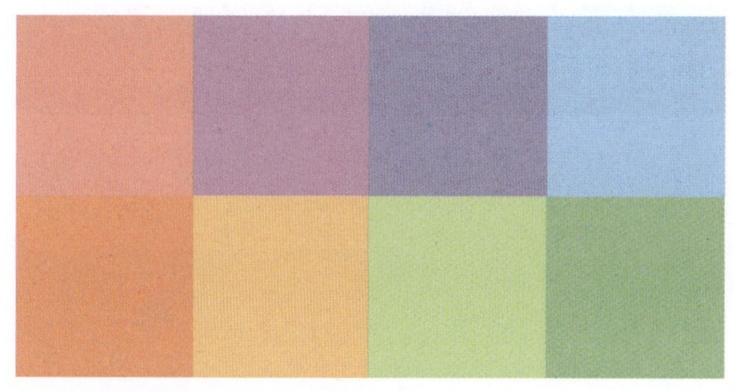

444 色度采样示例

这是一种非常高端的专业视频色度采样方式，由于保留了每个像素的亮度和颜色信息，因此文件体积也非常大。常用在电影、高端电视剧或大型综艺节目上。

如果这 8 个像素中的像素，每一个均有不同的亮度信息，但每 2 个共用一个色度信息，则其色度采样方式为 422，如下图所示。

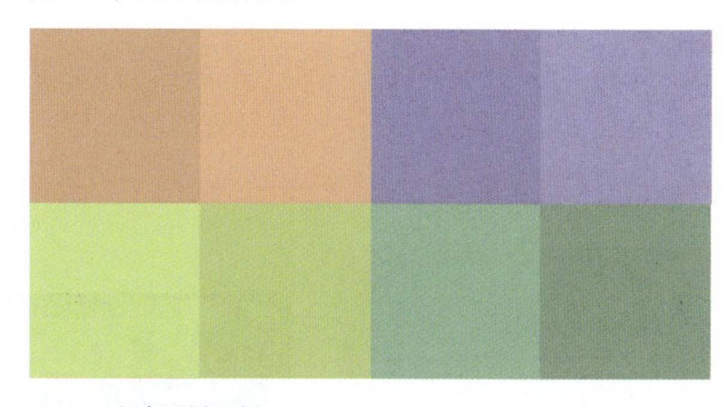

422 色度采样示例

如果这 8 像素中的像素，每个均有不同的亮度信息，但每 4 个共用一个色度信息，则其色度采样方式为 420，如下图所示。

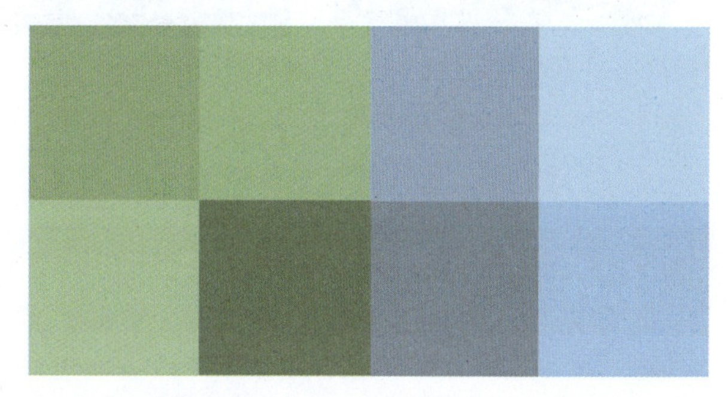

420 色度采样示例

现在常用的微单或者单反相机，所拍摄出来的都采用 420 色度采样方式。但如果不经过仔细分辨，或者视频画面中没有明显的细腻过渡，如渐变的蓝天，或者当非专业人士观看视频时，其实看不出其与 422 甚至 444 的区别，后期调色效果也基本可用。所以并不是说，420 非常不堪，完全无法使用。

对于 EOS R5/R6 来说，如果使用机内录制采样方式为 420，使用外部录机录制采样方式为 422，其中使用 EOS R5 录制 RAW 格式视频时，采样可以达到 444。

在录制视频时，要根据上述内容，综合考虑拍摄成本、难度及播放终端，合理选择采样方式。

## 8.3 佳能相机拍摄视频短片的简单流程

下面以 5D Mark IV 相机为例，讲解拍摄视频短片的简单流程。

① 设置视频短片格式选项，并进入实时显示模式。

② 切换相机的曝光模式为TV、M挡或其他模式，开启“短片伺服自动对焦”功能。

③ 将“实时显示拍摄/短片拍摄”开关转至短片拍摄位置。

④ 通过自动或手动方式，先对主体进行对焦。

⑤ 按下START/STOP按钮，即可开始录制短片。录制完成后，再次按下START/STOP按钮。

切换至短片拍摄模式

选择合适的曝光模式

在拍摄前，可以先进行对焦

录制短片时，在右上角会显示一个红色的圆点

## 8.4 索尼相机拍摄视频短片的简单流程

下面以SONY αR IV相机为例，讲解拍摄视频短片的简单流程。

① 切换相机的模式到视频模式。

② 设置视频文件格式及记录设置选项。

③ 通过自动或手动的方式先对主体进行对焦。

④ 按下红色的MOVIE按钮，即可开始录制短片。录制完成后，再次按下红色的MOVIE按钮。

选择合适的曝光模式

按下红色的MOVIE按钮即可开始录制

在拍摄前，可以先进行对焦

# 8.5 视频格式和画质

与设置照片的尺寸和画质相同，录制视频时也需要关注视频文件的相关参数，如果录制的视频只是家用的普通记录短片，可能全高清分辨率就可以了，但是如果作为商业短片，可能需要录制高帧频的4K视频，所以在录制视频之前，一定要设置好视频的参数。

## 8.5.1 设置视频格式和画质

拍摄前通常需要设置视频格式、尺寸、帧频等选项，在下一页的表格中会详细展示佳能相机常见视频格式、尺寸、帧频参数的含义。下面以 5D Mark IV 相机为例，讲解其操作方法，其他佳能相机的菜单位置及选项，可能与此略有区别，但操作方法与选项意义相同。

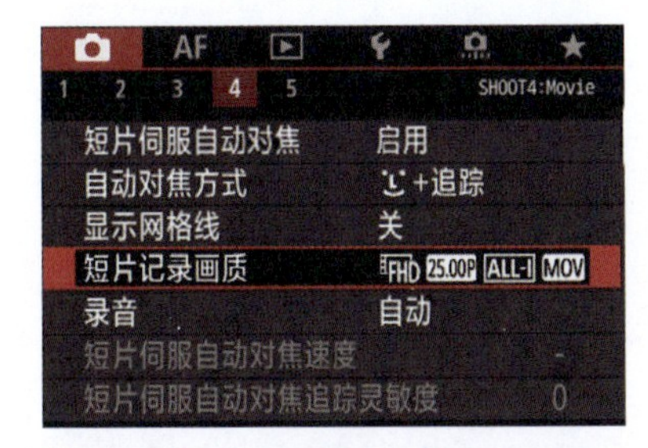


❶ 在拍摄菜单4中选择短片记录画质选项

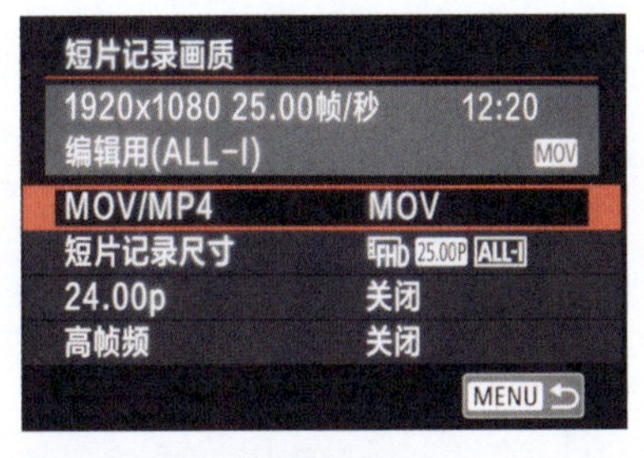


❷ 点击MOV/MP4选项

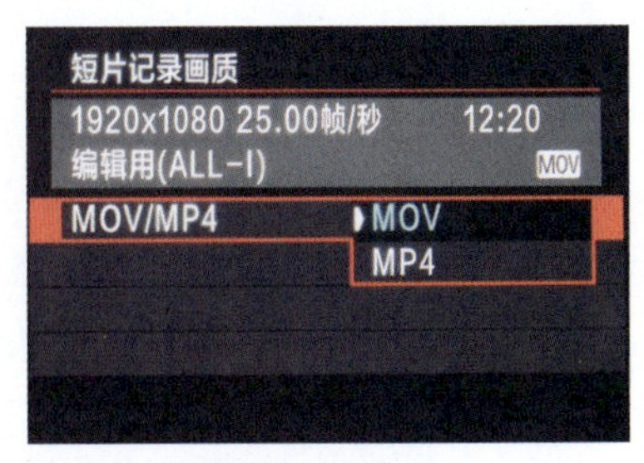


❸ 点击录制视频的格式选项

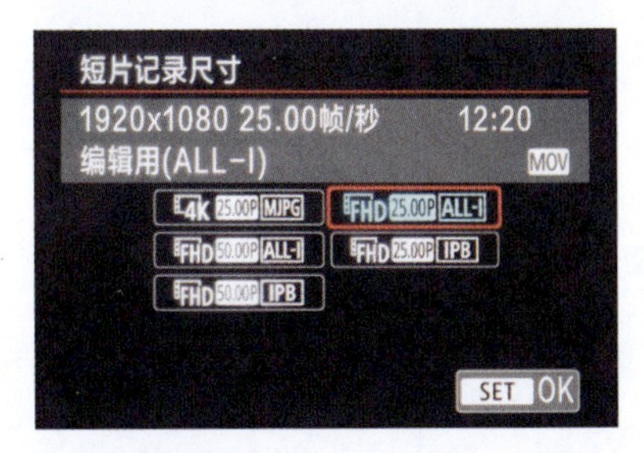


❹ 如果在步骤②中选择了短片记录尺寸选项，点击所需的短片记录尺寸选项，然后点击SET OK图标确定

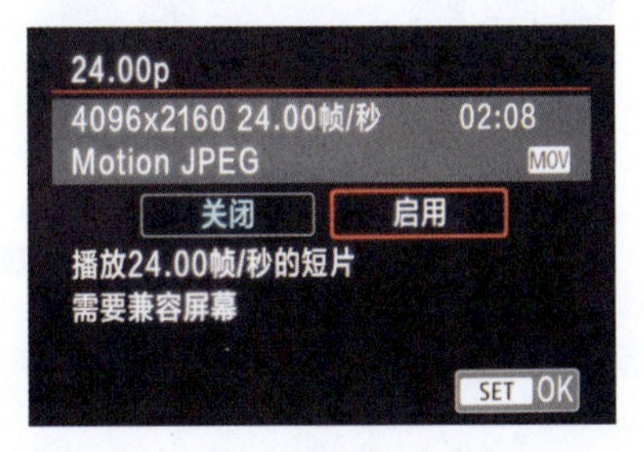


❺ 如果在步骤②中选择了24.00p选项，点击启用或关闭选项，然后点击SET OK图标确定

## 8.5.2 录制4K视频

在许多手机都可以录制 4K 视频的今天，4K 基本上是许多中高端相机的标配，以 EOS 5D Mark Ⅳ为例，在 4K 视频录制模式下，用户可以录制最高帧频为 30P、无压缩的超高清视频。

不过 EOS 5D Mark Ⅳ的 4K 视频录制模式采集的是图像传感器的中心像素区域，并非全部的像素，所以在录制 4K 视频时，拍摄视角会变得狭窄，约等于 1.74 倍的镜头系数。特别提醒，在选购以视频功能为主要卖点的相机时，画面是否有裁剪是一个值得比较的参数。例如，EOS R5 相机就可以录制无裁剪的 4K 视频。

另外，回放4K视频时，大部分相机允许从短片中截取静态画面成为一张新照片，因此，先用4K录制视频，事后“抽帧”成为照片的方式，在纪实摄影中的应用逐渐流行起来。

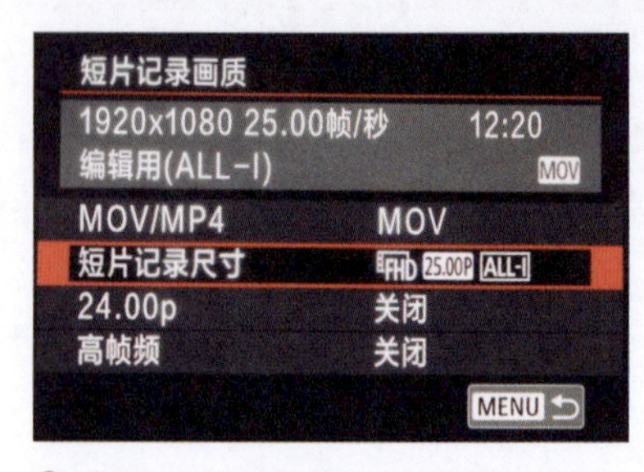


❶ 在短片记录画质菜单中选择短片记录尺寸选项

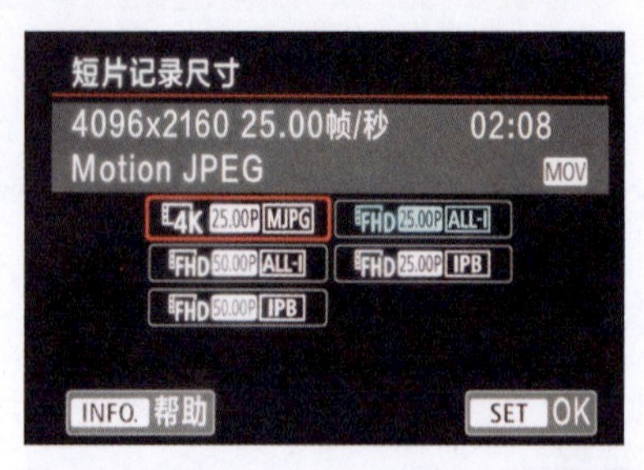


❷ 点击带4K图标的选项，然后点击SET OK图标确定

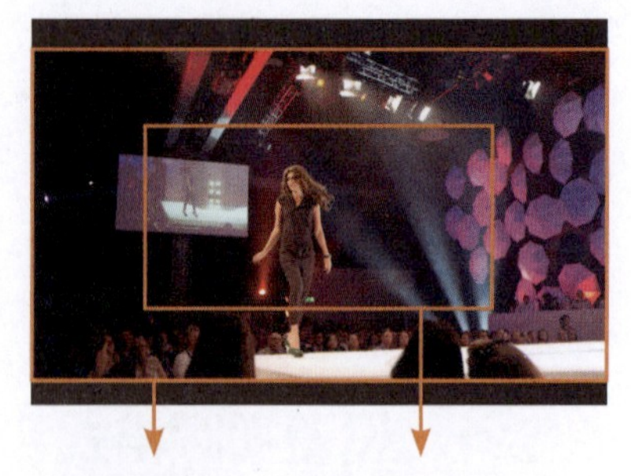

FHD/HD 画质视频的取景范围

4K 画质视频的取景范围

| 短片记录画质选项说明 | | | | |
|---|---|---|---|---|
| MOV/MP4 | MOV格式的视频文件适用于在计算机中进行后期编辑；MP4格式的视频文件经过压缩，文件尺寸变得较小，便于网络传输 | | | |
| 短片记录尺寸 | 图像大小 | | | |
| | 4K | FHD | HD | |
| | 4K超高清画质。记录尺寸为4096×2160，长宽比约为17：9 | 全高清画质。记录尺寸为1920×1080，长宽比为16：9 | 高清画质。记录尺寸为1280×720。长宽比为16：9 | |
| | 帧频（帧/秒） | | | |
| | 119.9P 59.94P 29.97P | 100.0P 25.00P 50.00P | 23.98P 24.00P | |
| | 分别以119.9帧/秒、59.94帧/秒、29.9帧/秒的帧频率记录短片。适用于电视制式为NTSC的国家或地区（北美、日本、韩国、墨西哥等）。119.9P在启用“高帧频”功能时有效 | 分别以110帧/秒、25帧/秒、50帧/秒的帧频率记录短片。适用于电视制式为PAL的国家或地区（欧洲、俄罗斯、中国、澳大利亚等）。100.0P在启用“高帧频”功能时有效 | 分别以23.98帧/秒和24帧/秒的帧频率记录短片，适用于电影。24.00P在启用24.00P功能时有效 | |
| | 压缩方法 | | | |
| | MJPG | ALL-I | IPB | IPB |
| | 当选择为MOV格式时可选。不使用任何帧间压缩，一次压缩一帧并进行记录，因此压缩率低。仅适用于4K画质的视频 | 当选择为MOV格式时可选。一次压缩一帧并进行记录，便于计算机编辑 | 一次高效压缩多帧并进行记录。由于文件尺寸比使用ALL-I时更小，在同样存储空间的情况下，可以录制更长的视频 | 当选择为MP4格式时可选。由于短片以比使用IPB时更低的比特率进行记录，因而文件尺寸更小，并且可以与更多回放系统兼容 |
| 24.00P | 选择“启用”选项，将以24.00帧/秒的帧频录制4K超高清、全高清、高清画质的视频 | | | |
| 高帧频 | 选择“启用”选项，可以在高清画质下，以119.9帧/秒或100.0帧/秒的高帧频录制短片 | | | |

### 8.5.3 根据存储卡容量及拍摄时长设置视频画质

与不同尺寸、压缩比的照片文件大小不同一样，录制视频时，如果使用了不同的视频尺寸、帧频、压缩比，视频文件的大小也相差甚远。因此，拍摄视频之前一定要预估使用的存储卡可以记录的视频时长，以免录制视频时由于要临时更换存储卡，而不得不中断视频录制的尴尬。

在下面的表格中，以 EOS 5D Mark Ⅳ为例，列出了不同视频尺寸、画质、压缩比，在不同容量的存储卡上，可以记录的总时长及该视频每分钟文件的尺寸。虽然表格中的数据对于其他型号的相机可能并不准确，但也具有一定的参考价值 。

当录制的视频被保存为 MOV 格式时，可参考下表。

| 短片记录画质 | | 存储卡上可记录的总时间 | | | 文件尺寸 |
|---|---|---|---|---|---|
| | | 8GB | 32GB | 128GB | |
| 4K：4K | | | | | |
| 29.97P 25.00P 24.00P 23.98P | MJPG | 2min | 8min | 34min | 3587MB/min |
| FHD：Full HD | | | | | |
| 59.94P 50.00P | ALL-I | 5min | 23min | 94min | 1298MB/min |
| 59.94P 50.00P | IPB | 17min | 69min | 277min | 440MB/min |
| 29.97P 25.00P 24.00P 23.98P | ALL-I | 11min | 46min | 186min | 654MB/min |
| 29.97P 25.00P 24.00P 23.98P | IPB | 33min | 135min | 541min | 225MB/min |
| HDR 短片拍摄 | | 33min | 135min | 541min | 225MB/min |
| HD：HD | | | | | |
| 119.9P 100.0P | ALL-I | 6min | 26min | 105min | 1155MB/min |

当录制的视频被保存为MP4格式时，可参考下表。

| 短片记录画质 | | 存储卡上可记录的总时间 | | | 文件尺寸 |
|---|---|---|---|---|---|
| | | 8GB | 32GB | 128GB | |
| FHD：Full HD | | | | | |
| 59.94P 50.00P | IPB | 17min | 70min | 283min | 431MB/min |
| 29.97P 25.00P 24.00P 23.98P | IPB | 35min | 140min | 563min | 216MB/min |
| HDR 短片拍摄 | | 35min | 140min | 563min | 216MB/min |
| 29.97P 25.00P | IPB | 86min | 347min | 13691min | 87MB/min |

# 8.6 开启并认识实时显示模式

如果用于录制视频的相机品牌是佳能或尼康，如佳能 5D Mark IV、尼康 D850 等，则在录制视频时，需要开启实时显示模式，下面针对实时显示的操作及相关参数进行详细讲解。

如果录制视频的相机是佳能或尼康的微单相机，如佳能 R5、尼康 Z6 等，则录制视频的操作与前文中讲解的索尼相机操作类似。

## 8.6.1 开启实时显示拍摄功能

以佳能 5D Mark Ⅳ 相机为例，要开启实时显示拍摄功能，可先将实时显示拍摄 / 短片拍摄开关转至📷位置，然后按下START/STOP按钮，即可进行实时显示拍摄了。

拍摄视频需要将实时显示拍摄 / 短片拍摄开关转至🎥位置，然后按下START/STOP按钮。

佳能相机设置方法：将实时显示拍摄/短片拍摄开关转至📷位置，然后按下START/STOP按钮即可；拍摄视频需要将实时显示拍摄/短片拍摄开关转至🎥位置，然后按下START/STOP按钮

尼康相机设置方法：将即时取景选择器转至即时取景静态拍摄图标📷位置，然后按下Lv按钮即可；拍摄视频需要将即时取景选择器旋转至动画即时取景🎥位置，然后按下Lv按钮

## 8.6.2 实时显示拍摄状态下的信息内容

在实时显示拍摄模式下，屏幕中会显示若干参数，了解这些参数的含义，有助于摄影师快速调整相关参数，以提高录制视频的效率、成功率及品质。

如果在屏幕上未显示右图所示参数，可以按 INFO 键切换屏幕显示信息；索尼相机连续按 DISP 按钮，可以在不同的信息显示内容之间进行切换。右图为佳能 5D Mark IV 相机的屏幕效果。

① 光圈值
② 触摸快门
③ Wi-Fi功能
④ 自动对焦点
⑤ 测光模式
⑥ 驱动模式
⑦ 自动对焦模式
⑧ 自动对焦区域模式
⑨ 拍摄模式
⑩ 全像素双核RAW拍摄
⑪ 可拍摄数量/自拍剩余的秒数
⑫ 最大连拍数量
⑬ 电池电量
⑭ 记录/回放存储卡
⑮ 速控按钮
⑯ 图像记录画质
⑰ 白平衡/白平衡校正
⑱ 照片风格
⑲ 自动亮度优化
⑳ 曝光量指示标尺
㉑ 曝光模拟
㉒ ISO感光度

# 8.7 设置视频拍摄模式

与拍摄照片相同，拍摄视频时也可以采用多种不同的曝光模式，如自动曝光模式、光圈优先曝光模式、快门优先曝光模式、全手动曝光模式等。

如果对于曝光要素不太理解 ，可以直接设置为自动曝光或程序自动曝光模式。

如果希望精确控制画面的亮度，可以将拍摄模式设置为全手动曝光模式。但在这种拍摄模式下，需要手动控制光圈、快门和感光度，下面分别讲解这三个要素的设置思路。

光圈：如果想拍摄的视频场景具有电影效果，可以将光圈设置得稍微大一点，从而虚化背景获得浅景深效果。反之，如果想拍摄出来的视频画面远近都比较清晰，就需要将光圈设置得小一点。

感光度：在设置感光度的时候，主要考虑的是整个场景的光照条件。如果光照不是很充分，可以将感光度设置得稍微大一点；反之，则可以降低感光度，以获得较为优质的画面。

快门速度：对于视频的影响比较大，因此在下面做详细讲解。

# 8.8 理解快门速度对视频的影响

在曝光三要素中，光圈、感光度无论在拍摄照片还是拍摄视频时，其作用都是一样的，但唯独快门速度对于视频录制有着特殊的意义，因此值得详细讲解。

## 8.8.1 根据帧频确定快门速度

从视频效果来看，大量摄影师总结出来的经验是将快门速度设置为帧频2倍的倒数。此时录制出来的视频中运动物体的表现是最符合肉眼观察效果的。

例如视频的帧频为 25P，那么快门速度应设置为 1/50s（25 乘以 2 等于 50，再取倒数，为 1/50）。同理，如果帧频为 50P，则快门速度应设置为 1/100s。

但这并不是说，在录制视频时，快门速度只能锁定不变。在一些特殊情况下，需要利用快门速度调节画面亮度时，在一定范围内进行调整也是没有问题的。

## 8.8.2 快门速度对视频效果的影响

### 1. 拍摄视频的最低快门速度

当需要降低快门速度提高画面亮度时，快门速度不能低于帧频的倒数。例如帧频为 25P 时，快门速度不能低于 1/25s。而事实上，也无法设置比 1/25s 还低的快门速度，因为佳能相机在录制视频时会自动锁定帧频倒数为最低快门速度。

在昏暗环境下录制时可以适当降低快门速度以保证画面亮度

### 2.拍摄视频的最高快门速度

当需要提高快门速度降低画面亮度时，其实对快门速度的上限是没有硬性要求的。但快门速度过高时，由于每一个动作都会被清晰定格，从而导致画面看起来很不自然，甚至会出现失真的情况。

造成此点的原因是因为人的眼睛是有视觉时滞的，也就是看到高速运动的景物时，会出现动态模糊的效果。而当使用过高的快门速度录制视频时，运动模糊消失了，取而代之的是清晰的影像。例如，在录制一些高速奔跑的景象时，由于双腿每次摆动的画面都是清晰的，就会看到很多条腿的画面，也就导致了画面失真、不正常的情况出现。

因此，建议在录制视频时，快门速度最好不要高于最佳快门速度的2倍。

电影画面中的人物进行速度较快的移动时，画面中出现动态模糊效果是正常的

## 8.8.3 拍摄视频时推荐的快门速度

上面对于快门速度对视频的影响进行了理论性讲解，这些理论可以总结成下表。

<table>
<tr><th rowspan="3">帧频</th><th colspan="3">快门速度</th></tr>
<tr><th rowspan="2">普通短片拍摄</th><th colspan="2">HDR 短片拍摄</th></tr>
<tr><th>P、Av、B、M 模式</th><th>Tv 模式</th></tr>
<tr><td>119.9P</td><td>1/4000~1/125</td><td colspan="2" rowspan="4">—</td></tr>
<tr><td>100.0P</td><td>1/4000~1/100</td></tr>
<tr><td>59.94P</td><td>1/4000~1/60</td></tr>
<tr><td>50.00P</td><td>1/4000~1/50</td></tr>
<tr><td>29.97P</td><td>1/4000~1/30</td><td>1/1000~1/60</td><td>1/4000~1/60</td></tr>
<tr><td>25.00P</td><td rowspan="3">1/4000~1/25</td><td>1/1000~1/50</td><td>1/4000~1/50</td></tr>
<tr><td>24.00P</td><td colspan="2" rowspan="2">—</td></tr>
<tr><td>23.98P</td></tr>
</table>

# 8.9 开启视频拍摄自动对焦模式

佳能最近几年发布的相机均具有视频自动对焦功能，即当视频中的对象移动时，能够自动对其进行跟焦，以确保被拍摄对象在视频中的影像是清晰的。

但此功能需要通过设置“短片伺服自动对焦”选项来开启，下面以佳能 5D Mark IV 为例，讲解其开启方法。

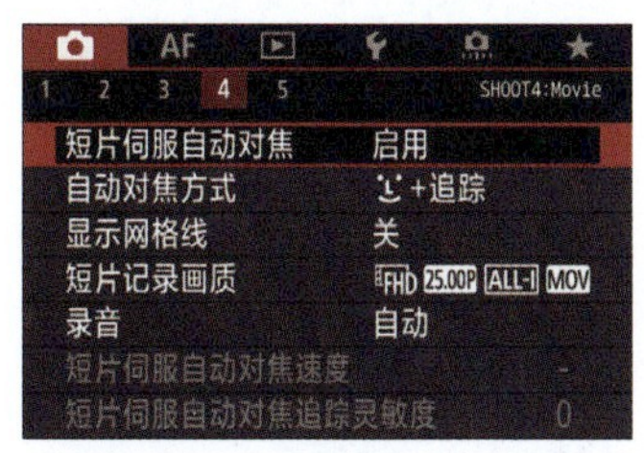


❶ 在拍摄菜单4中选择短片伺服自动对焦选项

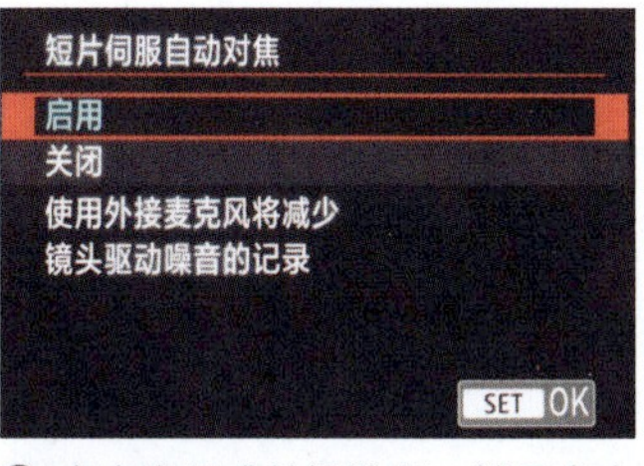


❷ 点击启用或关闭选项，然后点击 SET OK 图标确定

**提示**

该功能在搭配某些镜头使用时，发出的对焦声音可能会被采集到视频中。如果发生这种情况，建议外接指向性麦克风解决该问题。

将“短片伺服自动对焦”菜单设为“启用”选项，在拍摄视频期间，即使不半按快门，也能根据被摄体的移动状态不断调整对焦，以保证始终对被摄体进行对焦。

但在使用该功能时，相机的自动对焦系统会持续工作，当不需要跟焦被摄体，或者将对焦点锁定在某个位置时，即可通过按下赋予了“暂停短片伺服自动对焦”功能的自定义按键来暂停该功能。

通过上面的图片可以看出来，笔者拿着红色玩具小车做不规则运动时，相机是能够准确跟焦的。

如果将“短片伺服自动对焦”菜单设为“关闭”选项，那么只有通过半按快门、按下相机背面 AF-ON 按钮或者在屏幕上单击对象的时候，才能够进行对焦。

如右图所示，第 1 次对焦于左上方的安全路障，如果不再次在屏幕上点击其他位置，对焦点会一直锁定在左上方的安全路障，点击右下方的篮球焦点后，焦点会重新对焦在篮球上。

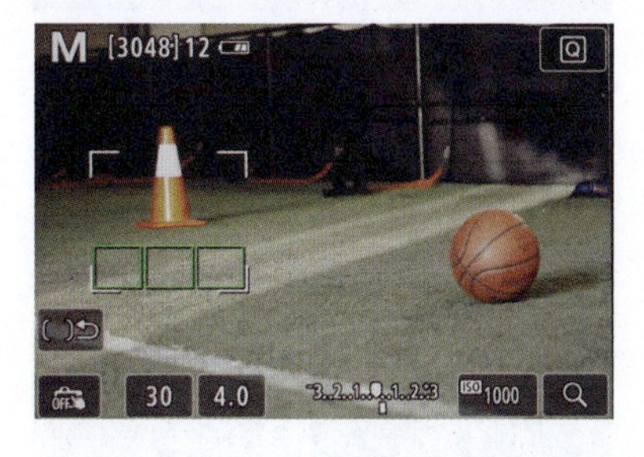


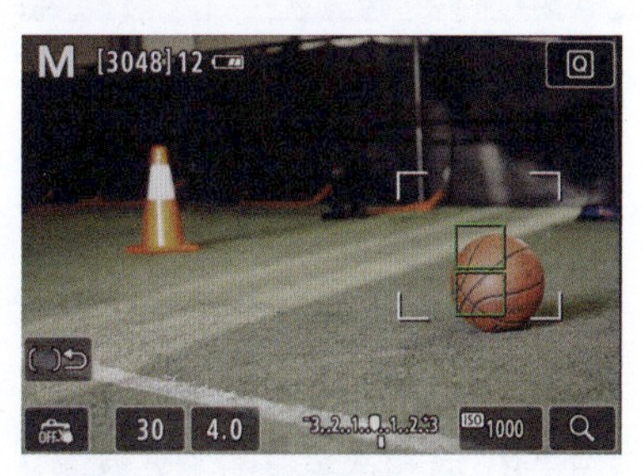

# 8.10 设置视频对焦模式

## 8.10.1 佳能相机对焦模式选择

佳能相机在拍摄视频时，有两种对焦模式可供选择，一是ONE SHOT单次自动对焦，二是SERVO伺服自动对焦。

ONE SHOT单次自动对焦模式适用于拍摄静止被摄体，半按快门按钮时，相机只实现一次对焦，合焦后，自动对焦点将变为绿色；SERVO伺服自动对焦模式适用于拍摄移动的被摄体，只要保持半按快门按钮，相机就会对被摄体持续对焦，合焦后自动对焦点为蓝色。

使用这种模式时，如果配合使用下方将要讲解的"ᴗ̈+ 追踪"或"自由移动AF( )"对焦方式，只要对焦框能跟踪并覆盖被摄体，相机就能够持续对焦。

设置自动对焦模式

## 8.10.2 佳能相机自动对焦方式选择

除非以固定机位拍摄风光、建筑等静止对象，否则，佳能相机拍摄视频时的对焦模式都应该选择SERVO伺服自动对焦。此时，可以根据要选择对象或对焦需求，选择3种不同的自动对焦方式。在实时取景状态下按下Q按钮，点击选择左上角的自动对焦方式图标，然后在屏幕下方选择所需要的选项。

速控屏幕中点击AFᴗ̈图标（ᴗ̈+追踪）

速控屏幕中点击AF( )图标（自由移动多点）

速控屏幕中点击AF □图标（自由移动1点）

也可以按下面的菜单操作方法切换不同的自动对焦模式，下面详解不同模式的含义。

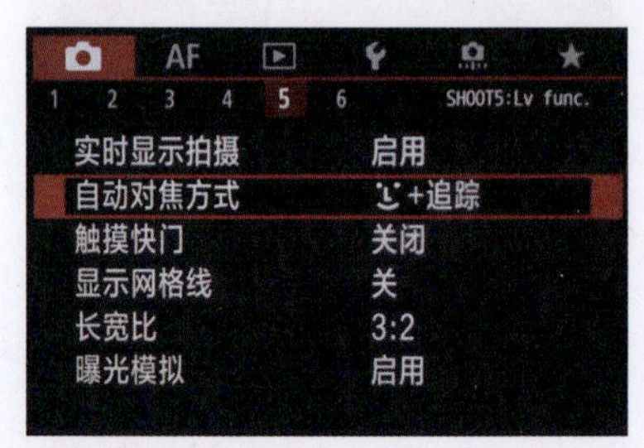

❶ 在拍摄菜单5中选择自动对焦方式选项

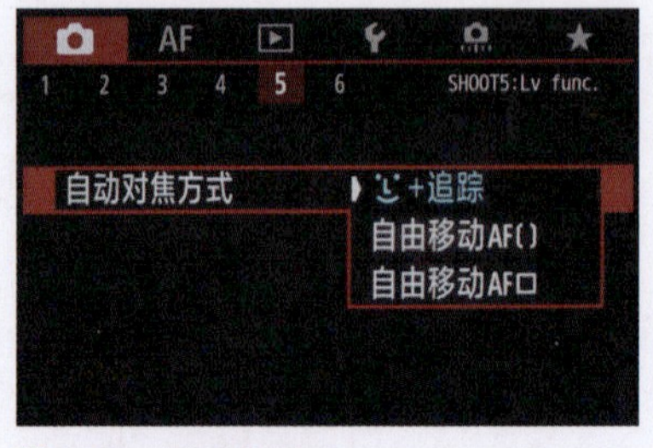

❷ 选择一种对焦模式

**提示**

由于Canon EOS 5D Mark Ⅳ的显示屏可以触摸操作，因此在选择对焦区域时，也可以直接点击显示屏选择对焦位置。

### 1. ☺ + 追踪

在此模式下，相机优先对被摄人物的面部进行对焦，即使在拍摄过程中被摄人物的面部发生了移动，自动对焦点也会移动以追踪面部。当相机检测到人的面部时，会在要对焦的脸上出现[ ]自动对焦点。如果检测到多个面部，将显示( )，使用多功能控制钮※将( )框移动到目标面部上即可。如果没有检测到面部，相机会切换到"自由移动 1 点"模式。

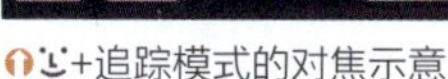

☺+追踪模式的对焦示意

### 2. 自由移动 AF ( )

在此模式下，相机可以采用两种模式对焦，一种是以最多 63 个自动对焦点对焦，这种对焦模式能够覆盖较大区域；另一种是将显示屏分割成为 9 个区域，可以使用多功能控制钮※选择某一个区域进行对焦，也可以直接在显示屏上通过点击不同的位置来对焦。默认情况下相机自动选择前者。可以按下※或 SET 按钮，在这两种对焦模式之间切换。

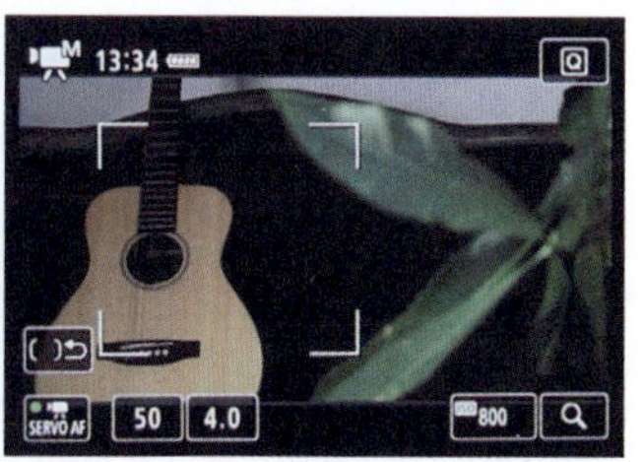

自由移动AF( )模式的对焦示意

### 3. 自由移动 AF □

在此模式下，显示屏上只显示一个自动对焦点，使用多功能控制钮※可使该自动对焦点移至要对焦的位置，当自动对焦点对准被摄体时半按快门即可。也可以直接在显示屏上通过点击不同位置来进行对焦。如果自动对焦点变为绿色并发出提示音，表明合焦正确；如果没有合焦，则对焦点以橙色显示。

自由移动AF □模式的对焦示意

## 8.10.3 索尼相机视频对焦模式选项

索尼相机在拍摄视频时有两种对焦模式可供选择，一种是连续自动对焦，另一种是手动对焦。

在连续自动对焦模式下，只要保持半按快门按钮，相机就会对被摄体持续对焦，合焦后，屏幕将显示(◉)图标。

当用自动对焦无法对被摄体合焦时，建议改用手动对焦进行操作。

在拍摄待机屏幕中，按Fn按钮，然后按▲▼◀▶方向键选择对焦模式选项，转动前/后转盘选择所需的对焦模式

## 8.10.4 索尼相机自动对焦区域模式选择

索尼相机在拍摄视频时，可以根据要选择对象或对焦需求，选择不同的自动对焦区域模式，索尼相机在视频模式下可以选择5种自动对焦区域模式。

- 广域自动对焦区域：选择此对焦区域模式后，在执行对焦操作时，相机将利用自己的智能判断系统，决定当前拍摄的场景中哪个区域应该最清晰，从而利用相机可用的对焦点针对这一区域进行对焦。
- 区域自动对焦区域：使用此对焦区域模式时，先在显示屏上选择想要对焦的区域，对焦区域内包含数个对焦点。在拍摄时，相机自动在所选对焦区内选择合焦的对焦框。此模式适合拍摄动作幅度不大的题材。
- 中间自动对焦区域：使用此对焦区域模式时，相机始终使用位于屏幕中央区域的自动对焦点进行对焦。此模式适合拍摄主体位于画面中央的题材。
- 自由点自动对焦区域：选择此对焦区域模式时，相机只使用一个对焦点进行对焦操作，而且摄影师可以自由确定此对焦点所处的位置。拍摄时可以使用多功能选择器的上、下、左、右键，将对焦框移至被摄主体需要对焦的区域。此对焦区域模式适合拍摄需要精确对焦，或对焦主体不在画面中央位置的题材。
- 扩展自由点自动对焦区域：选择此对焦区域模式时，可以使用多功能选择器的上、下、左、右键选择一个对焦点。与自由点模式不同的是，摄影师所选的对焦点周围还分布一圈辅助对焦点，若拍摄对象暂时偏离所选对焦点，相机则会自动使用周围的对焦点进行对焦。此对焦区域模式适合拍摄可预测运动趋势的对象。

❶在拍摄待机屏幕中，按Fn按钮，然后按▲▼◀ ▶方向键选择对焦区域选项，按控制拨轮中央按钮进入详细设置界面，然后按▲或▼方向键选择对焦区域选项。当选择了自由点选项时，按◀或▶方向键选择所需选项

# 8.11 设置视频自动对焦灵敏度

## 8.11.1 短片伺服自动对焦追踪灵敏度

当录制短片时，在使用了短片伺服自动对焦功能的情况下，可以在“短片伺服自动对焦追踪灵敏度”菜单中设置自动对焦追踪灵敏度。

灵敏度选项有7个等级，如果设置为偏向灵敏端的数值，那么，当被摄体偏离自动对焦点时或者有障碍物从自动对焦点面前经过时，那么自动对焦点会对焦其他物体或障碍物。而如果设置为偏向锁定端的数值，则自动对焦点会锁定被摄体，而不会轻易对焦到别的位置。

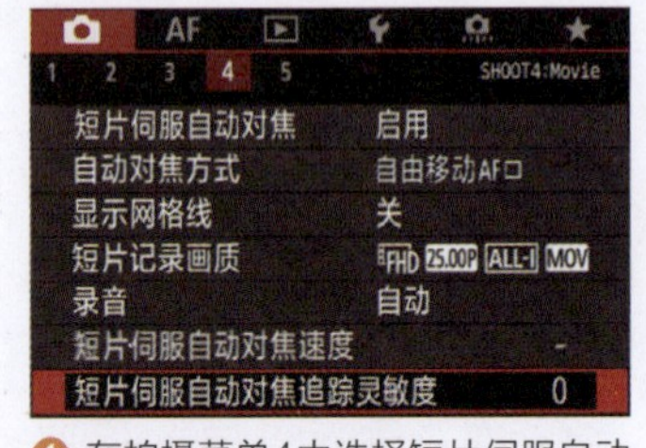


❶ 在拍摄菜单4中选择短片伺服自动对焦追踪灵敏度选项

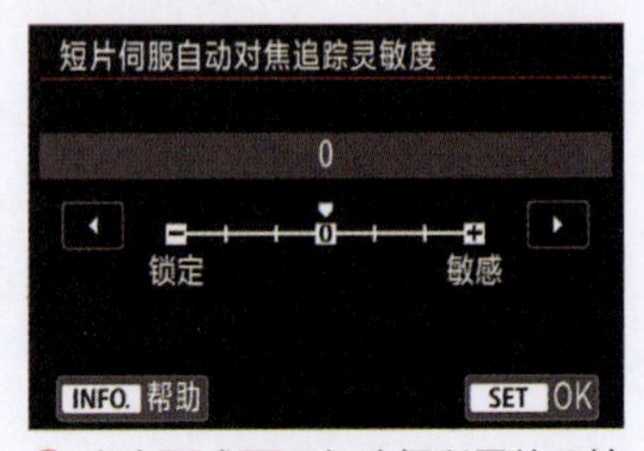


❷ 点击◀或▶图标选择所需的灵敏度等级，然后点击SET OK图标确定

■锁定（－3/－2/－1）：偏向锁定端，可以使相机在自动对焦点丢失原始被摄体的情况下，也不太可能追踪其他被摄体。设置的数值越低，相机追踪其他被摄体的概率越小。这样的设置，可以在摇摄期间或者有障碍物经过自动对焦点时，防止自动对焦点立即追踪非被摄体的其他物体。

■敏感（+1/+2/+3）：偏向敏感端，可以使相机在追踪覆盖自动对焦点的被摄体时更敏感。设置数值越高，则对焦越敏感。这样的设置，适用于想要持续追踪与相机之间的距离发生变化的运动被摄体，或者要快速对焦其他被摄体时的录制场景。

如上图所示，摩托车手短暂地被其他的摄影师遮挡，此时如果对焦灵敏度过高，焦点就会落在摄影师身上，而无法跟随摩托车手，因此，这个参数一定要根据当时拍摄的情况来灵活设置。

## 8.11.2 短片伺服自动对焦速度

当启用“短片伺服自动对焦”功能，并且自动对焦方式设置为“自由移动1点”选项时，可以在“短片伺服自动对焦速度”菜单中设定在录制短片时，短片伺服自动对焦功能的对焦速度和应用条件。

■启用条件：选择“始终开启”选项，那么在“自动对焦速度”选项中的设置，将在短片拍摄之前和在短片拍摄期间都有效。选择“拍摄期间”选项，那么在“自动对焦速度”选项中的设置仅在短片拍摄期间有效。

■自动对焦速度：可以将自动对焦转变速度从标准速度调整为慢（7个等级之一）或快（2个等级之一），以获得所需的效果。

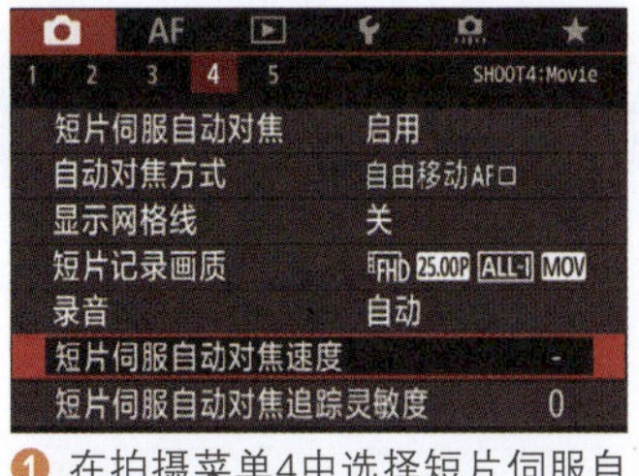


❶ 在拍摄菜单4中选择短片伺服自动对焦速度选项

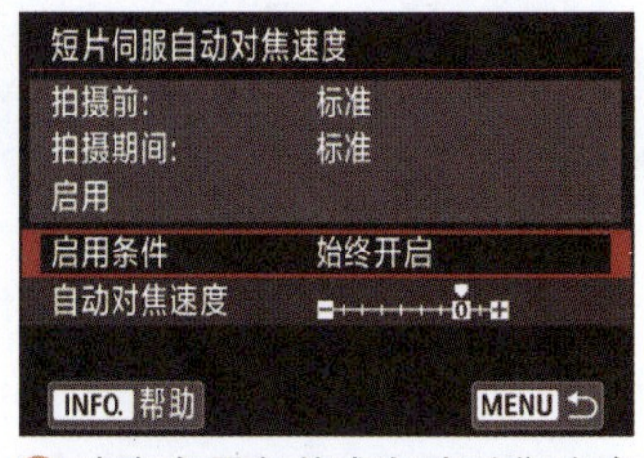


❷ 点击启用条件或自动对焦速度选项

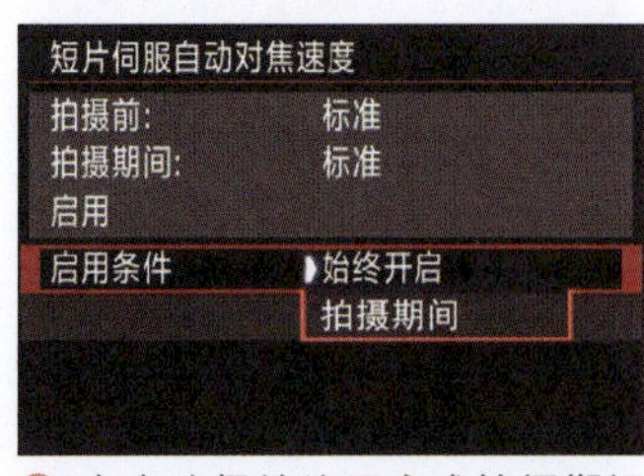


❸ 点击选择始终开启或拍摄期间选项

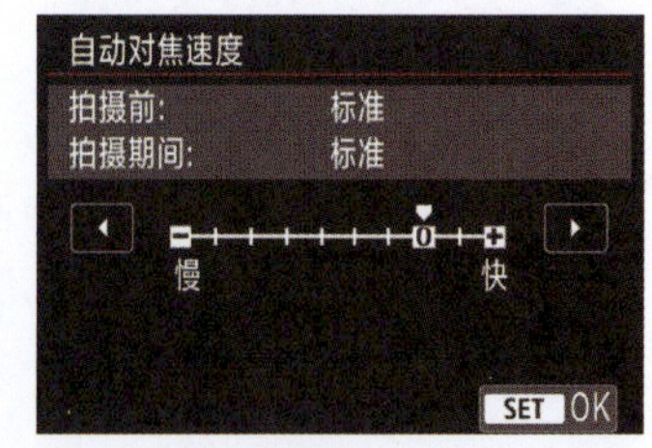


❹ 点击◀或▶图标选择切换对焦的速度，然后点击SET OK图标确定

**提示**

“自动对焦速度”并不是越快越好。当需要变换对焦主体时，为了让焦点的转移更自然、更柔和，往往需要画面中出现由模糊到清晰的过程，此时就需要设置较慢的自动对焦速度来实现。

## 8.12 设置录音参数并监听现场音

使用相机内置的麦克风可录制单声道声音，通过将带有立体声微型插头（直径为3.5mm）的外接麦克风连接至相机，则可以录制立体声，然后配合“录音”菜单中的参数设置，可以实现多样化的录音效果。

## 8.12.1 录音/录音电平

选择“自动”选项，录音音量将会自动调节；选择“手动”选项，则可以在“录音电平”界面中将录音音量的电平调节为64个等级之一，适用于高级用户；选择“关闭”选项，将不会记录声音。

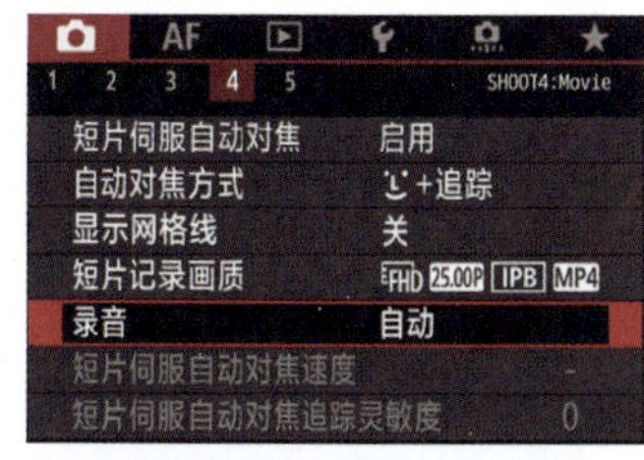

❶ 在拍摄菜单4中选择录音选项

## 8.12.2 风声抑制/衰减器

将“风声抑制”设置为“启用”选项，则可以降低户外录音时的风声，包括某些低音调噪声（此功能只对内置麦克风有效）；在无风的场所录制时，建议选择“关闭”选项，以便能录制到更加自然的声音。

在拍摄前即使将“录音”设定为“自动”或“手动”，如果有非常大的声音，仍然可能会导致声音失真。在这种情况下，建议将“衰减器”设为“启用”选项。

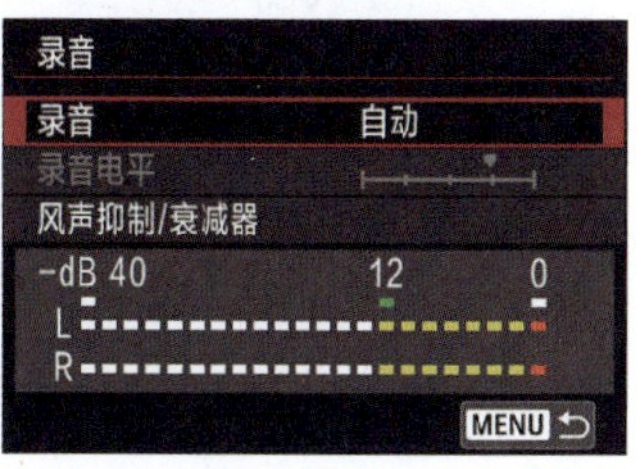

❷ 点击可选择不同的选项，即可进入修改参数界面

## 8.12.3 监听视频声音

在录制现场声音的视频时，监听视频声音非常重要。而且，这种监听需要持续整个录制过程。

因为在使用收音设备时，有可能因为没有更换电池或其他未知因素，导致现场声音没有被录制进视频。

有时，现场可能有很低频的噪声，这种声音是否会被录入视频，一个确认方法就是在录制时监听，另外也可以通过回放来核实。

通过将配备有3.5mm直径微型插头的耳机连接到相机的耳机插孔上，即可在短片拍摄期间听到声音。

如果使用的是外接立体声麦克风，可以听到立体声声音。要调整耳机的音量，按Q按钮并选择🎧，然后转动◎调节音量。

注意：如果视频将进行专业后期处理，那么，现场即使有均衡的低噪声也不必过于担心，因为后期软件可以将这样的噪声轻松去除。

耳机插孔

# 8.13 设置时间码参数

利用“时间码”功能，可以让相机在拍摄视频期间自动同步记录时间。可以记录小时、分钟、秒钟和帧的信息，这些信息主要在短片编辑期间使用。

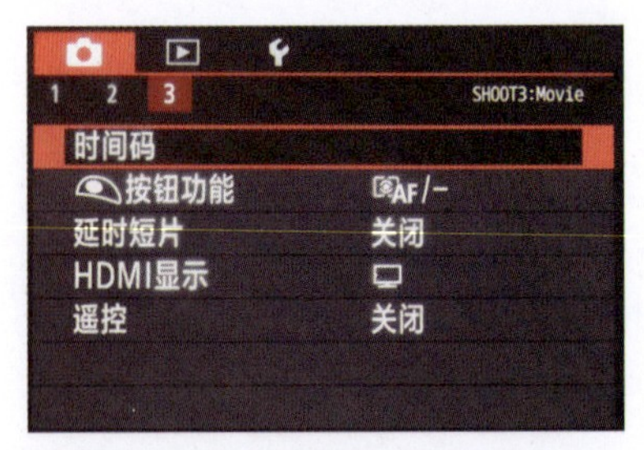


❶ 在拍摄菜单3中选择时间码选项

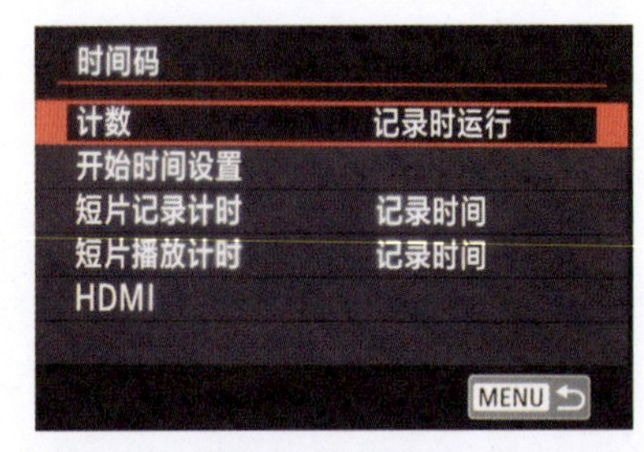


❷ 点击选择要修改的选项

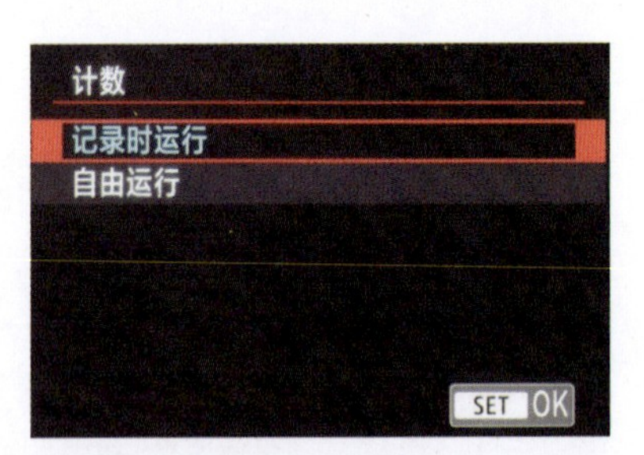


❸ 若在步骤❷中选择了计数选项，可选择记录时运行或自由运行选项

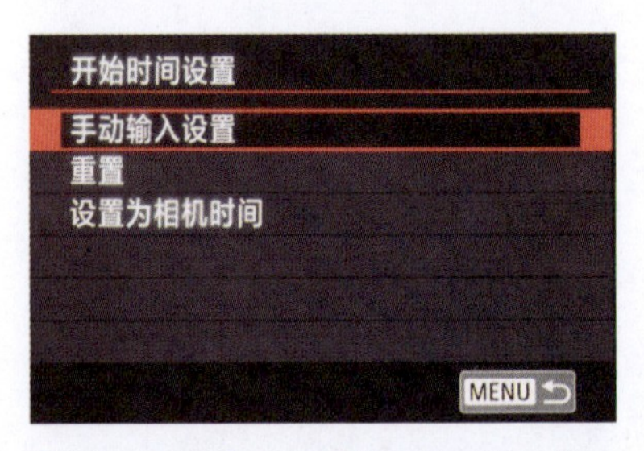


❹ 若在步骤❷中选择了开始时间设置选项，点击选择所需的选项

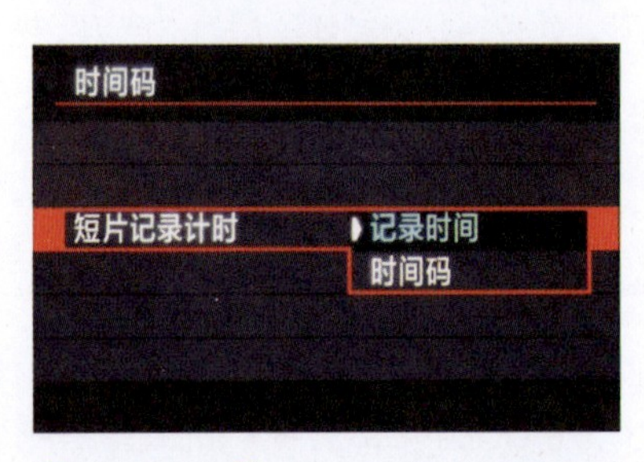


❺ 若在步骤❷中选择了短片记录计时选项，在此可以选择记录时间或时间码选项

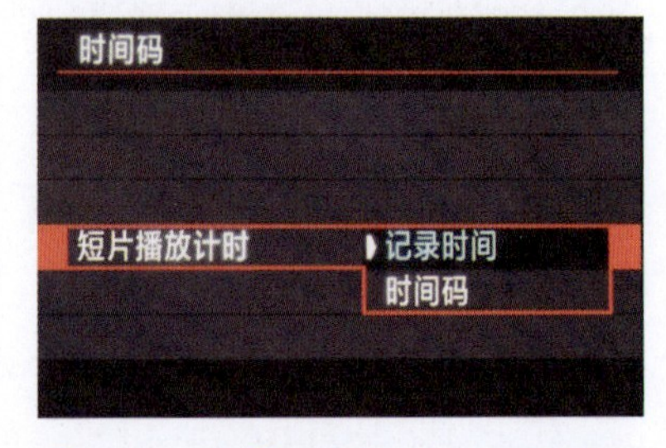


❻ 若在步骤❷中选择了短片播放计时选项，在此可以选择记录时间或时间码选项

❼ 若在步骤❷中选择了HDMI选项，在此可以选择开或关选项

■计数：选择“记录时运行”选项，时间码只会在拍摄视频期间计时。若选择“自由运行”选项，则无论是否拍摄视频，都会计数时间码。

■开始时间设置：用于设定时间码的开始时间。在“手动输入设置”选项中可以自由设定小时、分钟、秒钟和帧。在“重置”选项中，则将“手动输入设置”和“设置为相机时间”设定的时间恢复为00:00:00。在“设置为相机时间”选项中，则设置与相机内置时钟一样的时间，但不会记录“帧”。

■短片记录计时：可以选择在短片拍摄屏幕上显示的内容。选择“记录时间”选项，则显示从开始拍摄视频起经过的时间；选择“时间码”选项，则显示拍摄视频期间的时间。

■短片播放计时：可以选择在短片回放屏幕上显示的内容。选择“记录时间”选项，则在视频回放期间显示记录时间和回放时间；选择“时间码”选项，则在视频回放期间显示时间码。

■HDMI：用于设置当通过HDMI输出短片时是否添加时间码。

# 8.14 录制延时短片

延时短片第一次以全民瞩目的形式被多数人认识，可能是2020年疫情期间的火神山医院建设工程中，长达100多个小时不眠不休的建设过程，被压缩在2分钟的视频中，不仅让亿万国人认识到我国强大的资源调动能力、工程建设能力，更起到了提振国民信心的作用。

虽然，现在新款手机普遍具有拍摄延时短视频的功能，但可控参数较少、画质不高，因此，如果要拍摄更专业的延时短片，还是需要使用相机。

下面以佳能5D Mark IV为例，讲解如何利用"延时短片"功能拍摄一个无声的视频短片。

■拍摄间隔：可在00:00:01至99:59:59之间，设定每2张照片之间的拍摄间隔时间。例如，00:56:03即为每隔56分3秒拍摄一张照片。

■拍摄张数：可在0002~3600张之间设定。如果设定为3600，NTSC模式下生成的延时短片约为2分钟，PAL模式下生成的延时短片约为2分24秒。

完成设置后，相机会显示按拍摄预计需要拍多长时间，以及按当前制式放映的时长。

如果录制的延时场景时间跨度较大，例如持续几天，则"间隔"数值可以适当加大。

如果要拍摄的延时视频中景物变化细腻一些，则可以加大"拍摄张数"数值。

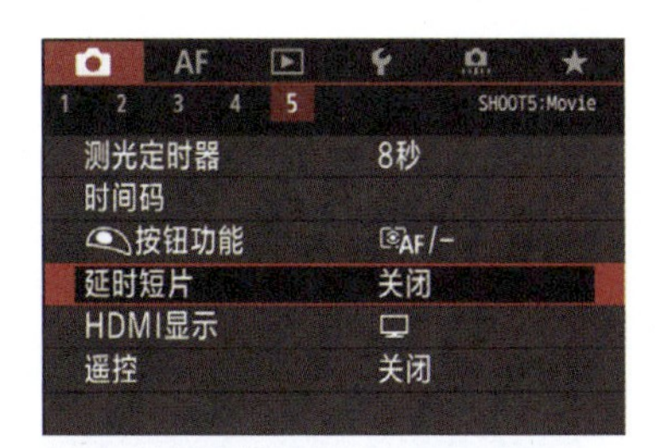

❶ 在拍摄菜单5中选择延时短片选项

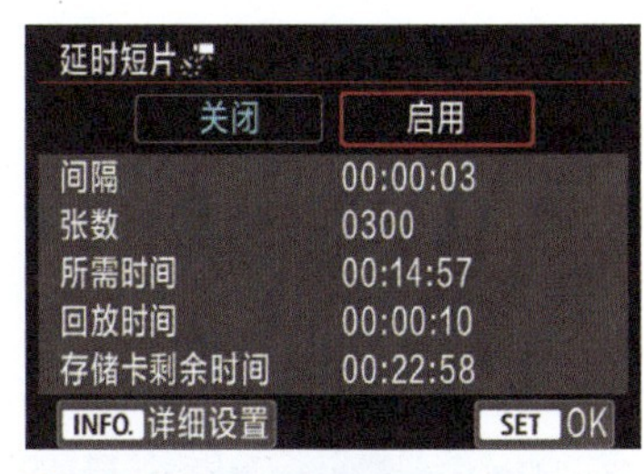

❷ 点击选择启用选项，然后点击INFO.详细设置图标进入间隔/张数设置界面

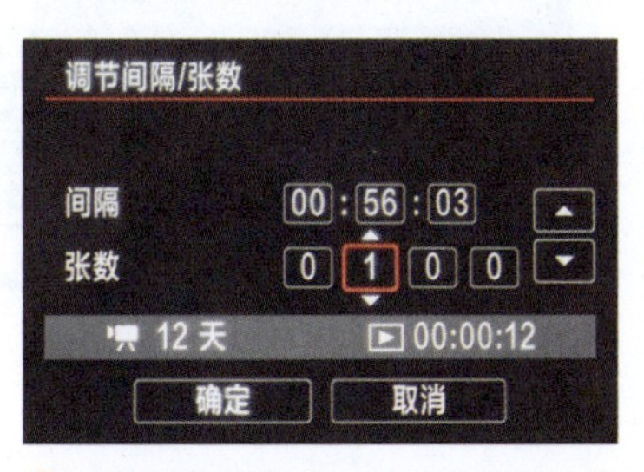

❸ 点击选择间隔或张数的数字框，然后点击▲或▼图标选择所需的间隔时间或张数

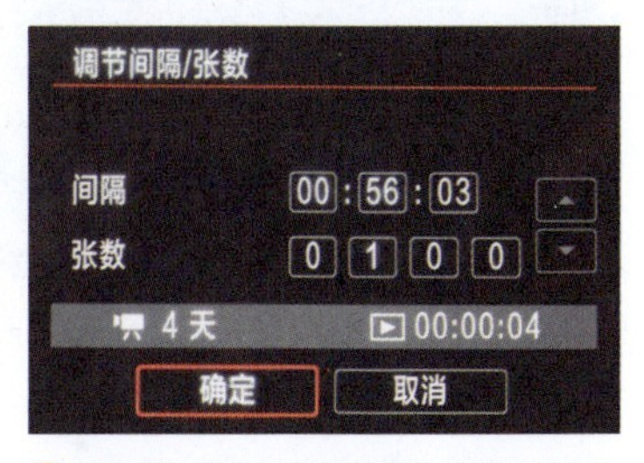

❹ 设置完成后，显示预计拍摄时长及放映时长，点击确定按钮

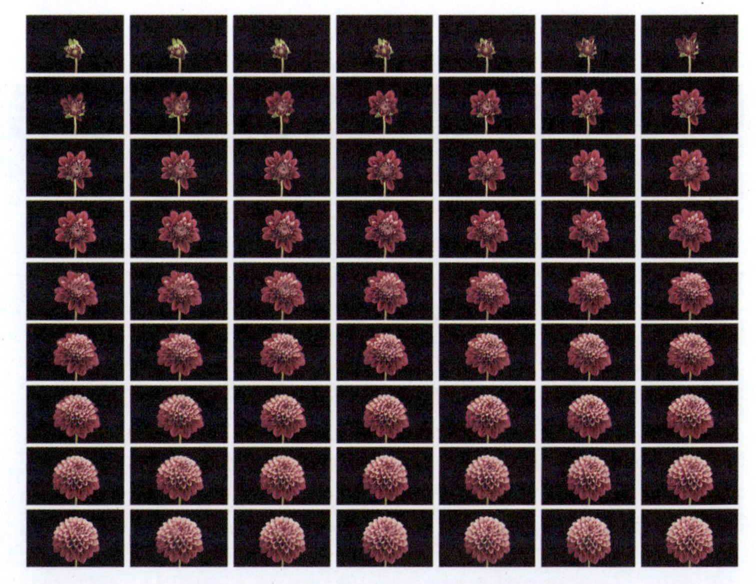

这组图是从视频中截取的。利用"延时短片"功能，将鲜花绽放的过程在极短的时间内展示出来，极具视觉震撼力

# 8.15 录制高帧频短片

让视频短片的视觉效果更丰富的方法之一，是调整视频的播放速度，使其加速或减速，成为快放或慢动作效果。加速视频的方法很简单，通过后期处理将1分钟的视频压缩在10秒内播放完毕即可。

而要获得高质量慢动作视频效果，则需要在前期录制出高帧频视频。例如，在默认情况下，如果以25fps的帧频录制视频，1秒只能录制25帧画面，回放时也是1秒。

但如果以 100fps 的帧频录制视频，1 秒则可以录制 100 帧画面，所以，当以常规 25 帧 / 秒的速度播放视频时，1 秒内录制的动作则呈现为 4 秒，成为电影中常见的慢动作效果，这种视频效果特别适合表现那些重要的瞬间或高速运动的拍摄题材，如飞溅的浪花、腾空的摩托车、起飞的鸟儿等。

下面是 EOS 5D Mark IV 相机为例讲解启用此功能的方法，其他相机操作基本与此类似。

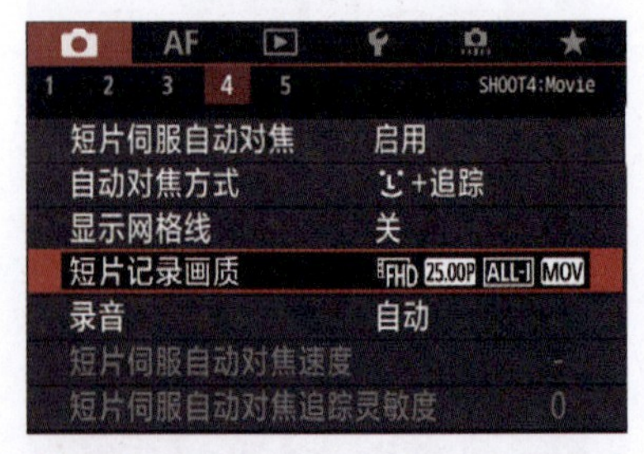


❶ 在拍摄菜单4中选择短片记录画质选项

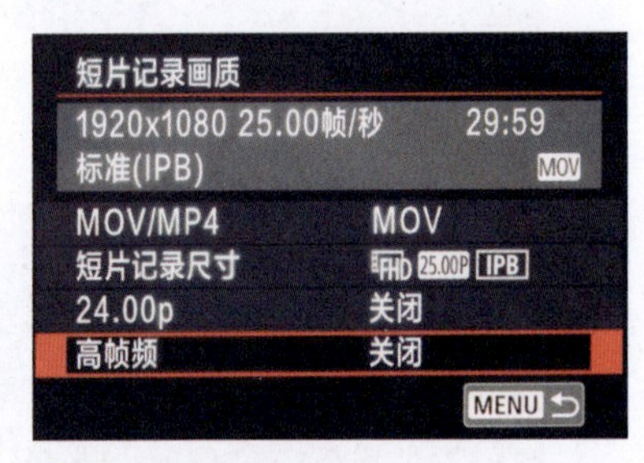


❷ 点击选择高帧频选项

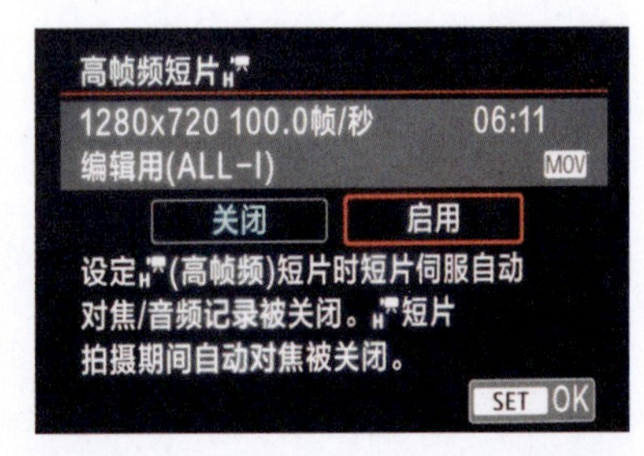


❸ 点击启用选项，然后点击SET OK图标确定

**提示**

在高帧频录制模式下，无法使用短片伺服自动对焦。在拍摄期间，自动对焦也不起作用。另外，视频录制时长最长为7分29秒，但可以在视频停止后再次按录制按钮开始录制。

录制飞鸟短片时，使用高帧频模式可以让动作更好地展现给观者

# 第9章 拍摄视频要了解的镜头语言

# 9.1 认识镜头语言

镜头语言既然带了“语言”二字，那就说明这是一种和说话类似的表达方式；而“镜头”二字，则代表是用镜头来进行表达。所以镜头语言可以理解为用镜头表达的方式，即通过多个镜头中的画面，包括组合镜头的方式，来向观者传达拍摄者希望表现的内容。

所以，在一个视频中，除了声音，所有为了表达而采用的运镜方式、剪辑方式和一切画面内容，均属于镜头语言。

# 9.2 镜头语言之运镜方式

运镜方式指录制视频过程中，摄像器材的移动或者焦距调整方式，主要分为推镜头、拉镜头、摇镜头、移镜头、甩镜头、跟镜头、升镜头与降镜头 8 种，也被简称为“推拉摇移甩跟升降”。由于环绕镜头可以产生更具视觉冲击力的画面效果，所以在本节中将介绍 9 种运镜方式。

需要提前强调的是，在介绍各种镜头运动方式的特点时，为了便于理解会说明此种镜头运动在一般情况下适合表现哪类场景，但这绝不意味着它只能表现这类场景，在其他特定场景下应用也许会更具表现力。

## 9.2.1 推镜头

推镜头是指镜头从全景或别的景位由远及近向被摄体推进拍摄，逐渐推成近景或特写镜头。其作用在于强调主体、描写细节、制造悬念等。

推镜头示例

### 9.2.2 拉镜头

拉镜头是指将镜头从全景或别的景位由近及远调整，景别逐渐变大，表现更多环境。其作用主要在于表现环境，强调全局，从而交代画面中局部与整体之间的联系。

拉镜头示例

### 9.2.3 摇镜头

摇镜头是指机位固定，通过旋转相机而摇摄全景或者跟着被摄体的移动进行摇摄（跟摇）。

摇镜头的作用主要有 4 个，分别是介绍环境、从一个被摄主体转向另一个被摄主体、表现人物运动以及代表剧中人物的主观视线。

值得一提的是，当利用“摇镜头”来介绍环境时，通常表现的是宏大的场景。左右摇适合拍摄壮阔的自然美景；上下摇则适用于展示建筑物的雄伟或峭壁的险峻。

摇镜头示例

### 9.2.4 移镜头

拍摄时，机位在一个水平面上移动（在纵深方向移动则为推 / 拉镜头）的镜头运动方式被称为“移镜头”。

移镜头的作用其实与摇镜头十分相似，但在“介绍环境”与“表现人物运动”这两点上，其视觉效果更为强烈。在一些制作精良的大型影片中，可以经常看到这类镜头所表现的画面。

另外，由于采用移镜头方式拍摄时，机位是移动的，所以画面具有一定的流动感，这会让观者感觉仿佛置身画面之中，更有艺术感染力。

移镜头示例

## 9.2.5 跟镜头

跟镜头又称“跟拍”，是跟随被摄体进行拍摄的镜头运动方式。跟镜头可连续而详尽地表现角色在行动中的动作和表情，既能突出运动中的主体，又能交代动体的运动方向、速度、体态及其环境，有利于展示人物在动态中的精神面貌。

跟镜头在走动过程中的采访以及体育视频中经常使用。拍摄位置通常在人物的前方，形成“边走边说”的视觉效果。而体育视频则通常为侧面拍摄，从而表现运动员运动的姿态。

跟镜头示例

## 9.2.6 环绕镜头

将移镜头与摇镜头组合起来，就可以实现一种比较酷炫的运镜方式——环绕镜头。通过环绕镜头可以 360° 展现某一主体，经常用于在华丽场景下突出新登场的人物，或者展示景物的精致细节。

最简单的实现方法就是将相机安装在稳定器上，然后手持稳定器，在尽量保持相机稳定的情况下绕人物跑一圈儿就可以了。

环绕镜头示例

## 9.2.7 甩镜头

甩镜头是指一个画面拍摄结束后，迅速旋转镜头到另一个方向的镜头运动方式。由于甩镜头时，画面的运动速度非常快，所以该部分画面内容是模糊不清的，但这正好符合人眼的视觉习惯（与快速转头时的视觉感受一致），所以会给观者较强的临场感。

值得一提的是，甩镜头既可以在同一场景中的两个不同主体之间快速转换，模拟人眼的视觉效果，还可以在甩镜头后直接接入另一个场景的画面（通过后期剪辑进行拼接），从而表现同一时间下，不同空间中并列发生的情景，此法在影视剧制作中会经常出现。

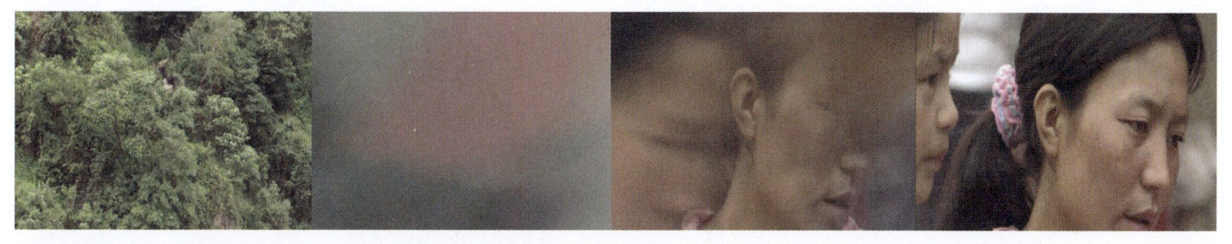

甩镜过程中的画面是模糊不清的，以此迅速在两个不同场景之间进行切换

## 9.2.8 升降镜头

上升镜头是指相机的机位慢慢升起，从而表现被摄体的高大。在影视剧中，也被用来表现悬念，而下降镜头的方向则与之相反。升降镜头的特点在于能够改变镜头和画面的空间，有助于加强戏剧效果。

需要注意的是，不要将升降镜头与摇镜混为一谈。例如，机位不动，仅将镜头仰起，此为摇镜，展现的是拍摄角度的变化，而不是高度的变化。

升镜头示例

# 9.3 3个常用的镜头术语

之所以对主要的镜头运动方式进行总结，一方面是因为比较常用，又各有特点。另一方面则是为了交流、沟通所需的画面效果。

因此，除了上述这 9 种镜头运动方式，还有一些偶尔也会用到的镜头运动或者相关“术语”，如“空镜头”“主观性镜头”等。

## 9.3.1 空镜头

“空镜头”指画面中没有人的镜头，也就是单纯拍摄场景或场景中局部细节的画面，通常用来表现景物与人物的联系或借物抒情。

一组空镜头表现事件发生的环境

## 9.3.2 主观性镜头

“主观性镜头”其实就是把镜头当作人物的眼睛，可以形成较强的代入感，非常适合表现人物内心感受。

主观性镜头可以模拟人眼看到的画面效果

### 9.3.3 客观性镜头

“客观性镜头”是指完全以一种旁观者的角度进行拍摄。其实这种说法是为了与“主观性镜头”相区分。因为在视频录制中，除了主观性镜头就是客观性镜头，而客观性镜头又往往占据视频中的绝大部分，所以几乎没有人会去说“拍个客观性镜头”这样的话。

客观性镜头示例

## 9.4 镜头语言之转场

镜头转场可以归纳为两大类，分别为技巧性转场和非技巧性转场。技巧性转场是指在拍摄或者剪辑时要采用一些技术或者特效才能实现；而非技巧性转场则是直接将两个镜头拼接在一起，通过镜头之间的内在联系，让画面切换显得自然、流畅。

### 9.4.1 技巧性转场

#### 1. 淡入淡出

淡入淡出转场即上一个镜头的画面由明转暗，直至黑场；下一个镜头的画面由暗转明，逐渐显示至正常亮度。淡出与淡入过程的时长一般各为 2s，但在实际编辑时，可以根据视频的情绪、节奏灵活掌握。部分影片中在淡出淡入转场之间还有一段黑场，可以表现出剧情告一段落，或者让观者陷入思考。

淡入淡出转场形成的由明到暗再由暗到明的转场过程

### 2. 叠化转场

叠化转场是指将前后两个镜头在短时间内重叠，并且前一个镜头逐渐模糊到消失，后一个镜头逐渐清晰，直到完全显现。叠化转场主要用来表现时间的消逝、空间的转换，或者在表现梦境、回忆的镜头中使用。

值得一提的是，由于在叠化转场时，前后两个镜头会有几秒比较模糊的重叠，如果镜头质量不佳，则用这段时间掩盖镜头缺陷。

叠化转场会出现前后场景景物模糊重叠的画面

### 3. 划像转场

划像转场也被称为“扫换转场”，可分为划出与划入。前一画面从某一方向退出屏幕称为“划出”，下一个画面从某一方向进入屏幕称为“划入”。根据画面进、出屏幕的方向不同，可分为横划、竖划、对角线划等，通常在两个内容意义差别较大的镜头转场时使用。

画面横向滑动，前一个镜头逐渐划出，后一个镜头逐渐划入

## 9.4.2 非技巧性转场

### 1. 利用相似性进行转场

当前后两个镜头具有相同或相似的主体形象，或者在运动方向、速度、色彩等方面具有一致性时，即可实现视

觉连续、转场顺畅的目的。

例如，上一个镜头是果农在果园里采摘苹果，下一个镜头是顾客在菜市场挑选苹果的特写，利用上下镜头都有“苹果”这一相似性内容，将两个不同场景下的镜头联系起来了，从而实现自然、顺畅的转场效果。

利用“夕阳的光线”这一相似性进行转场的3个镜头

### 2. 利用思维惯性进行转场

利用人们的思维惯性进行转场，往往可以造成联系上的错觉，使转场流畅而有趣。

例如，上一个镜头是孩子在家里和父母说“我去上学了”，然后下一个镜头切换到学校大门的场景，整个场景转换过程就会比较自然。究其原因在于观者听到“去上学”3个字后，脑海中自然会呈现出学校的情景，所以此时进行场景转换就会比较顺畅。

通过语言或其他方式让观者脑海中呈现某一景象，从而进行自然、流畅的转场

### 3. 两级镜头转场

利用前后镜头在景别、动静变化等方面的巨大反差和对比，形成明显的段落感，这种方法被称为“两级镜头转场”。

由于此种转场方式的段落感比较强，可以突出视频中的不同部分。例如，前一段落大景别结束，下一段落小景别开场，就有种类似写作中“总分”的效果。也就是大景别部分让观者对环境有一个大致的了解，然后在小景别部分，则开始细说其中的故事，让观者在观看视频时，有更清晰的思路。

先通过远景表现日落西山的景观，然后自然地转接两个特写镜头，分别表现“日落”和“山”

### 4. 声音转场

用音乐、音响、解说词、对白等和画面相配合的转场方式被称为“声音转场”，声音转场方式主要有以下 2 种。

（1）利用声音的延续性，自然转换到下一段落。其中，主要方式是同一旋律、声音的提前进入和前后段落声音相似部分的叠化。利用声音的吸引作用，弱化了画面转换、段落变化时的视觉跳动。

（2）利用声音的呼应关系实现场景转换。上下镜头通过两个接连紧密的声音进行衔接，并同时进行场景的更换，让观者有一种穿越时空的感受。例如上一个镜头是男孩儿在公园里问女孩儿：“你愿意嫁给我吗？”下一个镜头是女孩儿回答：“我愿意。”但此时场景已经转到了结婚典礼现场。

### 5. 空镜转场

只拍摄场景的镜头称为“空镜头”，空镜转场方式通常在需要表现时间或者空间的巨大变化时使用，从而起到过渡、缓冲的作用。

除此之外，空镜头也可以实现“借物抒情”的效果。例如，上一个镜头是女主角向男主角在电话中提出分手，接一个空镜头，是雨滴落在地面的景象，然后再接男主角在雨中接电话的景象。其中，“分手”这种消极情绪与雨滴落在地面的镜头之间是有情感上的内在联系的，而男主角站在雨中接电话，由于与空镜头中的“雨”有空间上的联系，从而实现了自然且富有情感的转场效果。

利用空镜头来衔接时间和空间发生大幅跳跃的镜头

### 6. 主观镜头转场

主观镜头转场是指上一个镜头拍摄主体在观看的画面，下一个镜头接转主体观看的对象，这就是主观镜头转场。主观镜头转场是按照前、后两镜头之间的逻辑关系来处理转场的手法，既显得自然，同时也可以引起观者的探究心理。

主观镜头通常会与主体所看景物的镜头连接在一起

### 7. 遮挡镜头转场

当某物逐渐遮挡画面，直至完全遮挡，然后再逐渐离开，显露画面的过程就是“遮挡镜头转场”。这种转场方式可以将过场戏省略，从而加快画面节奏。

其中，如果遮挡物距离镜头较近，阻挡了大量的光线，导致画面完全变黑，再由纯黑的画面逐渐转变为正常的场景，这种方法还有个专有名称——挡黑转场。而挡黑转场还可以在视觉上给人以较强的冲击，同时制造视觉悬念。

当马匹完全遮挡住骑马的孩子时，镜头自然地转向了羊群的特写

# 9.5 镜头语言之“起幅”与“落幅”

## 9.5.1 理解“起幅”与“落幅”的含义和作用

起幅是指在运动镜头开始时，要有一个由固定镜头逐渐转为运动镜头的过程。

为了让运动镜头之间的连接没有跳动感、割裂感，往往需要在运动镜头的结尾处逐渐转为固定镜头，这就称为“落幅”。

除了可以让镜头之间的连接更自然、连贯，“起幅”和“落幅”还可以让观者在运动镜头中看清画面中的场景。其中，起幅与落幅的时长一般在 1~2s，如果画面信息量比较大，例如远景镜头，则可以适当延长时间。

在镜头开始运动前的停顿，可以让画面信息充分传达给观者

## 9.5.2 起幅与落幅的拍摄要求

由于起幅和落幅是固定镜头，所以考虑到画面的美感，构图要严谨。尤其在拍摄到落幅阶段，镜头所停稳的位置、画面中主体的位置和所包含的景物均要进行精心设计，并且停稳的时间也要恰到好处。过晚进入落幅则会与下一段的起幅衔接时出现割裂感，而过早进入落幅又会导致镜头停滞时间过长，让画面僵硬、死板。

在镜头开始运动和停止运动的过程中，镜头速度的变化尽量均匀、平稳，从而让镜头衔接更自然、顺畅。

镜头的起幅与落幅是固定镜头录制的画面，所以构图要比较讲究

# 9.6 镜头语言之镜头节奏

## 9.6.1 镜头节奏要符合观者的心理预期

当看完一部由多个镜头组成的视频时，并不会感受到视频有割裂感，而是一种流畅、自然的观影感受。这种感受正是由于镜头的节奏与观者的心理节奏相吻合的结果。

例如，在观看一段打斗视频时，此时观者的心理预期自然是激烈、刺激，因此即便镜头切换得再快、再频繁，在视觉上也不会感觉不适。相反，如果在表现打斗画面时，采用相对平缓的镜头节奏，反而会产生一种突兀感。

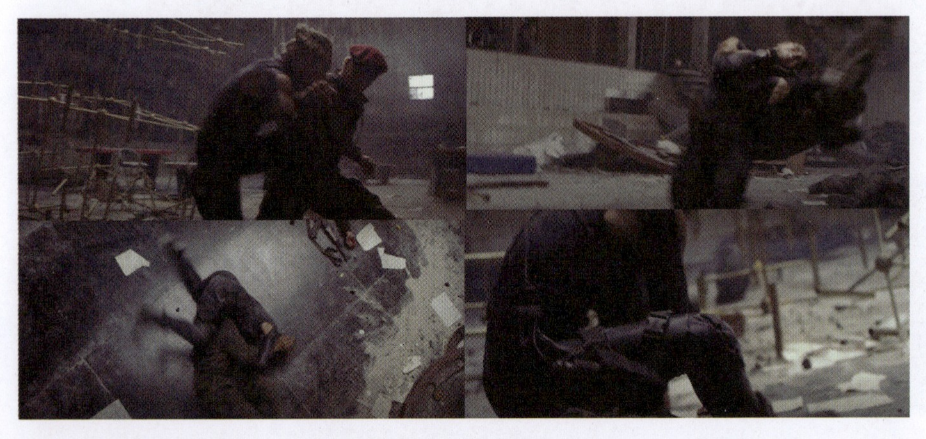

为了营造激烈的打斗氛围，一个镜头时长甚至会控制在1s以内

## 9.6.2 镜头节奏应与内容相符

对于表现动感和奇观性的好莱坞大片而言，自然要通过鲜明的节奏和镜头冲击力来获得刺激性，而对于表现生活、情感的影片，则往往镜头节奏比较慢，营造更现实的观感。

也就是说，镜头的节奏要与视频中的音乐、演员的表演、环境的影调相匹配。例如，在悠扬的音乐声中，整体画面影调很明亮的情况下，则往往镜头的节奏也应该比较舒缓，从而让整个画面更协调。

为了表现出地震时的紧张氛围，在4s内出现了4个镜头，平均每秒一个镜头

## 9.6.3 利用节奏影响观者的心理

虽然节奏要符合观者的心理预期，但在录制视频时，可以通过镜头节奏来影响观者的心理，从而让观者产生情绪感受上的共鸣或同步。例如，悬疑大师希区柯克就非常喜欢通过镜头节奏形成独特的个人风格。在《精神病患者》浴室谋杀这一段中，仅 39s 的时长就包含了 33 个镜头。时间之短、镜头之多、速度之快、节奏点之精确，让观者在跟上镜头节奏的同时，已经被带入到了一种极度紧张的情绪中。

《精神病患者》浴室谋杀片段中快节奏的镜头让观者进入到异常紧张的情绪中

## 9.6.4 把握住视频整体的节奏

为了突出风格、表达情感，任何一段视频中都应该具有一个或多个主要节奏。之所以有可能具有多个主要节奏，原因在于很多视频会出现情节上的反转，或者不同的表达阶段。那么，对于有反转的情节，镜头的节奏也要产生较大幅度的变化，而对于不同的阶段，则要根据上文所述的内容及观众预期心理来寻找适合当前阶段的主节奏。

需要注意的是，把握视频的整体节奏不代表节奏单调。在整体节奏不动摇的前提下，适当的节奏变化可以让影片更生动，在变化中走向统一。

电影《肖申克的救赎》开头在法庭上的片段，每一个安迪和法官的近景镜头都在10s左右，以此强调人物的心理，也奠定了影片以长镜头为主，节奏较慢的纪实性叙事方式

## 9.6.5 镜头节奏也需要创新

就像拍摄静态照片中所学习的基本构图方法一样，介绍这些方法只是为了让大家找到构图的感觉。想拍出自己的风格，还是要靠创新。镜头节奏的控制也是如此。

不同的导演面对不同的片段时都有其各自的节奏控制方法和理解。但对于初学者来说，在对镜头节奏还没有感觉时，通过学习一些基本的、常规的节奏控制思路，可以拍摄或剪辑出一些节奏合理的视频。在经过反复的练习，对节奏有了自己的理解之后，就可以尝试创造出带有独特个人风格的镜头节奏了。

# 9.7 控制镜头节奏的4种方法

## 9.7.1 通过镜头长度影响节奏

镜头的时间长度是控制节奏的重要手段。有些视频需要比较快的节奏，如运动视频、搞笑视频等。但抒情类的视频则需要比较慢的节奏。大量使用短镜头就会加快节奏，从而给观者带来紧张心理，而使用长镜头则会减缓节奏，可以让观者感到舒缓、平和。

图示镜头共持续了6s，从而表现出一种平静感

## 9.7.2 通过景别变化影响节奏

通过景别的变化可以影响节奏。景别的变化速度越快，变化幅度越大，画面的节奏也就越鲜明。相反，如果多个镜头的景别变化较小，则视频较为平淡，表现一种舒缓的氛围。

一般而言，从全景切到特写的镜头更适合表达紧张的心理，所以相应的景别变化的幅度和频率会比较高；而从特写切到全景，则往往表现一种无能为力和听天由命的消极情绪，所以更多的会使用长镜头来突出这种压抑感。

相邻镜头进行大幅度景别的变化，可以让视频节奏感更鲜明

### 9.7.3 通过运镜影响节奏

运镜也会影响画面的节奏，而这种节奏感主要来源于画面中景物移动速度和方向的不同。只要采用了某种运镜方式，画面中就一定存在运动的景物。即便是拍摄静止不动的花瓶，由于镜头的运动，花瓶在画面中也是动态的。那么，当运镜速度、运镜方向不同的多个镜头组合在一起时，节奏就产生了。

当运镜速度、方向变化较大时，就可以表现出动荡、不稳定的视觉感受，也会给观者一种随时迎接突发场景、剧情跌宕起伏的心理预期；当运镜速度、方向变化较小时，视频就会呈现出平稳、安逸的视觉感受，给观者以事态会正常发展的心理预期。

不同镜头的运镜速度相对一致就会营造一种稳定的视觉感受

### 9.7.4 通过特效影响节奏

随着拍摄技术和视频后期处理技术的不断发展，有些特效可以产生与众不同的画面节奏。例如，首次在《黑客帝国》中出现的“子弹时间”特效，在激烈的打斗画面中，对一个定格瞬间进行 360° 的全景展现。这种大幅降低镜头节奏的做法，在之前的武打片段中是不可能被接受的。所以即便是现在，对于前后期视频制作技术的创新仍在继续。当出现一种新的特效拍摄、制作方法时，就可以产生与原有画面节奏完全不同的视觉感受。

《黑客帝国》中“子弹时间”特效画面

## 9.8 利用光与色表现镜头语言

“光影形色”是画面的基本组成要素，通过拍摄者对用光以及色彩的控制，可以表达出不同的情感和画面氛围。一般来说，暗淡的光线和低饱和的色彩往往表现一种压抑、紧张的氛围；而明亮的光线与鲜艳的色彩则表现出一种轻松和愉悦。例如，在《肖申克的救赎》这部电影中，在监狱中的画面，其色彩和影调都是比较灰暗的；而最后瑞德出狱去找安迪的时候，画面明显更加明亮，色彩也更艳丽了。这点在瑞德出狱后找到安迪时的海滩场景中表现得尤为明显。

在《肖申克的救赎》影片中，狱中、狱外的色彩与光影有着明显的反差

# 9.9 多机位拍摄

## 9.9.1 多机位拍摄的作用

### 1. 让一镜到底的视频有所变化

对于一些一镜到底的视频，例如会议、采访视频，往往需要使用多机位拍摄。因为如果只用一台相机进行录制，那么拍摄角度就会非常单一，既不利于在多人说话时强调主体，还会使画面有停滞感，很容易让观者感觉到乏味、枯燥。而在设置多机位拍摄的情况下，在后期剪辑时就可以让不同角度或者景别的画面进行切换，从而突出正在说话的人物，并且在不影响访谈完整性的同时，让画面有所变化。

多机位拍摄获得不同角度和景别的画面

### 2. 把握仅有一次的机会

一些特殊画面由于成本或者时间的限制，可能只能拍摄一次，无法重复。例如，一些电影中的爆炸场景，或者运动会中的精彩瞬间。为了能够把握住只有一次的机会，所以在器材允许的情况下，应该尽量多布置机位进行拍摄，避免留下遗憾。

通过多机位记录不可重复的比赛

### 9.9.2 多机位拍摄注意不要穿帮

使用多机位拍摄时，由于被拍进画面的范围更大了，所以需要谨慎地选择相机、灯光和采音设备的位置。但对于短视频拍摄来说，器材的数量并不多，所以往往只需要注意相机与相机之间不要彼此拍到即可。

这也解释了为何在采用多机位拍摄时，超广角镜头很少被使用，因为这会导致其他机位的选择受到很大的限制。

### 9.9.3 方便后期剪辑的“打板”

由于在专业视频制作中，画面和声音是分开录制的，所以要“打板”，从而在后期剪辑时，让画面中场记板合上的那一帧和产生的“咔哒”声相吻合，以此实现声画同步。

但在多机位拍摄中，除了实现“声画同步”这一作用外，不同机位拍摄的画面，还可以通过“打板”声音的吻合而确保视频重合，从而让多机位后期剪辑更方便。当然，如果没有场记板，使用拍手的方法也可以达到相同的效果。

场记板

## 9.10 简单了解拍前必做的“分镜头脚本”

通俗地理解，分镜头脚本就是将一个视频所包含的每一个镜头拍什么、怎么拍，先用文字方式写出来或者画出来（有的分镜头脚本会利用简笔画表明构图方法），也可以理解为拍视频之前的计划书。

在影视剧拍摄中，分镜头脚本有着严格的绘制要求，是拍摄和后期剪辑的重要依据，并且工作人员需要经过专业的训练才能完成。但作为普通摄影爱好者，大多数都以拍摄短视频或者 Vlog 为目的，因此只需了解其作用和基本撰写方法即可。

### 9.10.1 分镜头脚本的作用

#### 1. 指导前期拍摄

即便是拍摄一个长度 10s 左右的短视频，通常也需要三四个镜头来完成。那么这些镜头计划怎么拍，就是分镜头脚本中也该写清楚的内容。从而避免到了拍摄场地现想，既浪费时间，又可能因为思考时间太短而得不到理想的画面。

值得一提的是，虽然分镜头脚本有指导前期拍摄的作用，但不要被其束缚。在实地拍摄时，如果突发奇想，有更好的创意，则应该果断采用新方法进行拍摄。如果担心临时确定的拍摄方法不能与其他镜头（拍摄的画面）衔接，则可以按照原本分镜头脚本中的计划，拍摄一个备用镜头，以防万一。

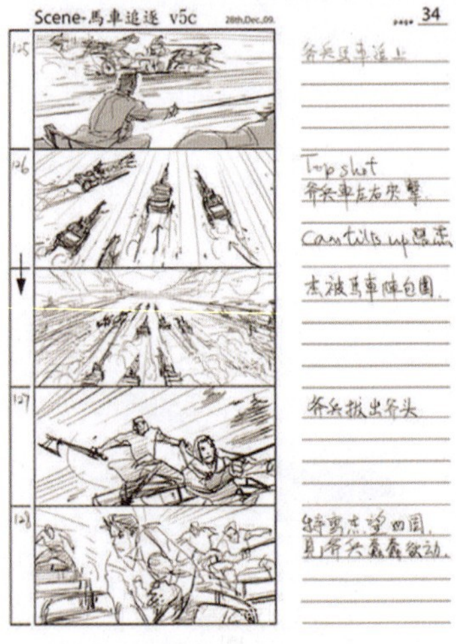

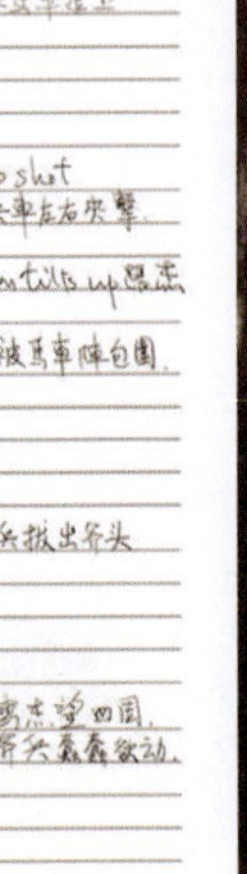


徐克导演的分镜头手稿

姜文导演的分镜头手稿

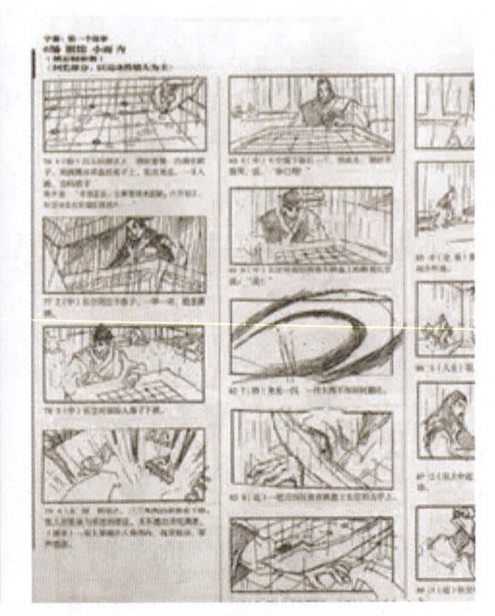

张艺谋导演的分镜头手稿

### 2. 后期剪辑的依据

根据分镜头脚本拍摄的多个镜头需要通过后期剪辑合并成一段完整的视频。因此，镜头的排列顺序和镜头转换的节奏，都需要以分镜头脚本作为依据，尤其是在拍摄多组备用镜头后，很容易混淆，导致不得不花费更多的时间进行整理。

另外，由于拍摄时现场的情况很可能与预想不同，所以前期拍摄未必完全按照分镜头脚本进行。此时就需要懂得变通，抛开分镜头脚本，寻找最合适的方式进行剪辑。

## 9.10.2 分镜头脚本的撰写方法

懂得了分镜头脚本的撰写方法，也就学会了如何制定短视频或者 Vlog 的拍摄计划。

### 1. 分镜头脚本中应该包含的内容

一份完善的分镜头脚本中，应该包含镜头编号、景别、拍摄方法、时长、画面内容、拍摄解说、音乐共 7 部分，下面逐一讲解每部分内容的作用。

（1）镜头编号。镜头编号代表各个镜头在视频中出现的顺序。在绝大多数情况下，也是前期拍摄的顺序（因客观原因导致个别镜头无法拍摄时，则会先跳过）。

（2）景别。景别分为全景（远景）、中景、近景、特写，用来确定画面的表现方式。

（3）拍摄方法。针对拍摄对象描述镜头运用方式，是分镜头脚本中唯一对拍摄方法的描述。

（4）时间。用来预估该镜头拍摄时长。

（5）画面。对拍摄的画面内容进行描述，如果画面中有人物，则需要描绘人物的动作、表情、神态等。

（6）解说。对拍摄过程中需要强调的细节进行描述，包括光线、构图、镜头运用的具体方法。

（7）音乐。确定背景音乐。

提前对以上 7 部分内容进行思考并确定后，整个视频的拍摄方法和后期剪辑的思路、节奏就基本确定了。虽然思考的过程比较费时间，但正所谓磨刀不误砍柴工，做一份详尽的分镜头脚本，可以让前期拍摄和后期剪辑更轻松。

## 2. 撰写一个分镜头脚本

在了解了分镜头脚本所包含的内容后，就可以尝试进行撰写了。这里以在海边拍摄一段短视频为例介绍撰写方法。

由于镜头脚本是按不同镜头进行撰写的，所以一般都以表格的形式呈现。但为了便于介绍撰写思路，会先以成段的文字进行讲解，最后再通过表格呈现最终的分镜头脚本。

首先，整段视频的背景音乐统一确定为陶喆的《沙滩》，然后再分镜头讲解设计思路。

镜头 1：人物在沙滩上散步，并在旋转过程中让裙子散开，表现出海边的惬意。所以，镜头 1 利用远景将沙滩、海水和人物均纳入画面。为了让人物在画面中更突出，应穿着颜色鲜艳的服装。

镜头 2：由于镜头 3 中将出现新的场景，所以镜头 2 设计为一个空镜头，单独表现镜头 3 中的场地，让镜头彼此之间具有联系，起到承上启下的作用。

镜头 3：经过前面两个镜头的铺垫，此时通过在垂直方向上拉镜头的方式，让镜头逐渐远离人物，表现出栈桥的线条感与周围环境的空旷、大气之美。

镜头 4：最后一个镜头，则需要将画面拉回视频中的主角——人物，同样通过远景同时兼顾美丽的风景与人物。在构图时要利用好栈桥的线条，形成透视牵引线，增加画面空间感。

镜头1：表现人物与海滩景色

镜头2：表现出环境

镜头3：逐渐表现出环境的极简美感

镜头4：回归人物

经过以上的思考后，就可以将分镜头脚本以表格的形式表现出来了，最终的成品如下表。

| 镜号 | 景别 | 拍摄方法 | 时间 | 画面 | 解说 | 音乐 |
|---|---|---|---|---|---|---|
| 1 | 远景 | 移动机位拍摄人物与沙滩 | 3s | 穿着红衣的女子在沙滩散步 | 稍微俯视的角度，表现出沙滩与海水，女子可以摆动起裙子 | 《沙滩》 |
| 2 | 中景 | 以摇镜的方式表现栈桥 | 2s | 狭长栈桥的全貌逐渐出现在画面中 | 摇镜的最后一个画面，需要栈桥透视线的灭点位于画面中央 | 同上 |
| 3 | 中景＋远景 | 中景俯拍人物，采用拉镜方式，让镜头逐渐远离人物 | 10s | 从画面中只有人物与栈桥，再到周围的海水，最后到更大空间的环境 | 通过长镜头及拉镜的方式，让画面逐渐出现更多的内容，引起观者的兴趣 | 同上 |
| 4 | 远景 | 固定机位拍摄 | 7s | 女子在优美的海上栈桥翩翩起舞 | 利用栈桥让画面更具空间感。人物站在靠近镜头的位置，使其占据画面一定的比例 | 同上 |

# 第10章 认识摄像机并了解专题摄像思路

# 10.1 摄像技术发展简史

虽然越来越多的数码单反、微单相机也能够拍出高质量的视频，但在专业摄像领域，摄像机的地位依旧不可动摇。简单了解摄像技术的发展史，可以帮助理解数码照相机与数码摄像机之间的关系。

## 10.1.1 启蒙时期

19世纪末，卢米埃尔兄弟依据摄影（照相）术发明了电影技术，从而将人们观看真实、连续影像的愿望变为现实。从此，人类进入了电影时代，也开创了科学与艺术相结合的现代社会。同时，在这一时期电影的影响下，科学家又开始设想和研究采用光电感光成像（电子成像）来代替胶片感光成像（化学成像）记录连续影像画面的技术，这就是摄像技术的启蒙阶段。

## 10.1.2 电子摄像时期

20世纪30年代前后，随着现代物理学研究的深入和电子管科技产品的成熟，科学家根据光电效应的原理促成了电视的诞生。1936年11月2日，英国广播公司打破传统的声音播报形式，在伦敦向公众播出了第一个电视节目，让人们同时看到和听到了鲜活的视频画面（动态画面和声音），正式宣告了电视的诞生。20世纪40年代至50年代中期，电视节目一直采用“直播”的方式进行播放，因为摄像机的功能比较简单，不能进行后期编辑加工等处理，这就是摄像技术的电子直播阶段。

## 10.1.3 磁录摄像时期

到了20世纪50年代中后期，磁性记录材料可以成熟运用，磁带录像机得以问世并逐步完善，这样就可以使摄像机拍摄的视频画面很好地存储下来，而后期的剪辑加工产生，也促成了录像和后期剪辑的交互发展。从20世纪70年代开始，电视节目的制作播放基本实现录播方式，摄像技术从单一的摄取转变为摄录，此时的磁录摄像在摄像技术历程中是非常重要的一环，它既是摄像工作自由、便捷和丰富的开端，也是后来数码摄像的重要基础。

## 10.1.4 数码摄像时期

从20世纪90年代开始，摄像技术进入了数码时代。摄像机将所拍摄的视频影像等信息直接转换成数码化信息，并快捷地存储于计算机硬盘中，使拍摄、制作和传播更加方便。跨入21世纪后，数码摄像以特别的优势和便利性，主导着摄像技术发展并成为消费市场的主流。数码时代的高科技融入，让摄像器材日新月异。

回顾摄像机的发展历程，主要是从手动到自动、从机械到智能、从人工到计算机、从分离到合体的过程。存储介质也从电子到磁带、从磁带到光盘、从光盘到硬盘、从有带到无带的变化。初期的摄像机又大又笨，全靠手工操作，要用三脚架支撑才能作业；中期的摄像机和录像机是分离的，工作效率低，行动不方便，受到很多限制；到了磁录摄像后期和数码摄像时代，摄像机才开始轻便化、小型化、智能化，可以肩扛和手托拍摄，为自由、灵活、机动的拍摄创造了条件，使摄像师摆脱了许多烦琐的技术操作，把精力集中到拍摄创作上。

### 10.1.5 摄像机代表着“专业”

近些年，摄像技术又有了全面的发展，摄像不再局限于摄像机本身，而是发展到了诸多日用工具上，如手机摄像、数码相机摄像、交通监控摄像等。这其中，数码相机的摄像功能已经很强大，几乎逼近专业摄像机的水平。而手机的摄像功能另具优势，其极为便携和高度普及的应用促使了摄像的大众化。

但无论是手机还是数码相机，仍然无法胜任在电视节目录制、电影拍摄等更为专业的影像制作领域。因此，如今“摄像”二字在某种程度上意味着专业的视频录制工作，我们几乎不会把手机、相机录制视频称为“摄像”。那么，相应地，“摄像机”也几乎成了只有专业视频制作者才会考虑、选择的器材。

## 10.2 认识不同类型的摄像机

目前市场上有各种各样的摄像机，造型差异巨大，功能各有千秋，价格高低悬殊，面对琳琅满目的摄像机，对于初学者来说，很难从中去做判断和选择。因此，笔者将按用途将摄像机分为家用级（消费级）、专业级（业务级）和广播级，并逐一介绍其特点，从而方便大家根据需求选择合适的摄像机。

### 10.2.1 家用级摄像机

#### 1. 便携家用摄像机

便携摄像机属于家用摄像机中的入门产品，主要应用在对图像质量要求不高的场合，如家庭聚会、群众娱乐等。此类摄像机也被俗称为“掌中宝”，它的主要特点是体积小、重量轻、便于携带，并且价格便宜，像松下 V180、索尼 HDR-CX405 均属于此类产品。虽然价格低廉，但由于目前很多旗舰级手机已经具备较强的视频拍摄能力，所以此类产品已经处于退出市场的边缘。

便携家用摄像机松下V180

### 2. 高端家用摄像机

高端家用摄像机与便携摄像机相比，虽然体积与重量都偏大，但依然很便携。而且其在视频画质、功能和稳定性上要明显优于便携摄像机。由于高端家用摄像机具备录制 4K 视频的能力，并且与同样具备 4K 录制能力的无反相机相比，不但价格具有明显优势，在防抖、变焦以及续航方面都有明显优势。因此，对于仅有视频录制需求，并且对画质要求较高的用户而言，此类高端家用摄像机属于更明智的选择，如松下 VX1、索尼 FDR-AX700 即属于此类产品。

高端家用摄像机索尼FDR-AX700

## 10.2.2 专业级摄像机

专业级摄像机指外形较大，操作性强，但性能又达不到广播级标准的摄像机。该类摄像机通常应用于婚庆、会议以及各类线下活动的拍摄。

近几年，专业级摄像机在感光元件的制造和质量上有了很大提高，在清晰度、信噪比、灵敏度等重要指标上，已和广播级摄像机没有太大区别。如果说不足，那就是在耐用度和特殊性能方面，还达不到广播级摄像机的水平，如松下 AG-UX90MC、索尼 PXW-Z190 即为此类产品。

专业级摄像机松下AG-UX90MC

## 10.2.3 广播级摄像机

广播级的摄像机主要应用于广播电视领域。此类摄像机拍摄的影像质量最好，工作性能全面且强悍，操控性极强，机器结实耐用，但是价格也很高，体积也比较大，重量较重，如松下 AU-V35LT1MC、索尼 F56 等。与其他两种级别的摄像机不同的是，广播级摄像机强调手动操控能力，不走智能化路线，广播级摄像机对附属设备的要求多且高，其中一部分在演播室使用的座机必须要有三脚架支撑，有的则依赖斯坦尼康运动系统，有的要放在高大摇臂上。因此，这类摄像机会细分出各种专用机和附属设备，形成庞大的摄录系统和复杂的操控设备，无论是价格还是使用维护上，都非个人所能承担。

广播级摄像机索尼F56

## 10.2.4 电影级摄像机

电影级摄像机与广播级摄像机有很多相同之处，例如可以输出超高画质、功能全面、体积较大、价格昂贵等。其不同之处则在于操作控制，与广播级摄像机相比并不是那么方便。这主要是因为广播级摄像机往往需要对无法预测的、正在发生的情景进行记录。而电影级摄像机所录制的内容往往是导演控制拍摄，所以对参数的调节时间没有严格要求，因此并不需要操控上多么便捷，如索尼 PXW-FX9V、佳能 C300 均属于此类摄影机。

电影级摄像机佳能C300

# 10.3 摄像机选购要则

## 10.3.1 根据用途定机型

应先明确将来拍摄的主要对象和用途，再根据这个需求来选购相应的摄像机。如果只是家庭日常生活记录和旅游风光留念，那么使用手机进行录制其实就足够了。

如果对视频录制质量有较高要求，那么从上文中高端家用摄像机这一级别开始考虑。高端家用摄像机既有轻便的优点，又具备众多的自动化功能，操作起来方便，而且画面质量也不错。

如果想拍摄一些节目用于电视台播出，则最低也应该是专业级摄像机，并尽量考虑三感光片摄像机以及是否拥有众多手动功能，这些都是保证画质和精确操作的前提条件。至于广播级的摄像机等设备，就要根据自身的经济实力来选择了。

## 10.3.2 关注核心性能参数

在根据用途确定了摄像机的大致类别后，即可详细了解各个机型的核心性能参数，从而选择到性价比更高的机型。

### 1. 传感器尺寸

一般来说，在像素数量相同的情况下，传感器尺寸越大，显示图像的层次就越丰富，画面也更细腻，并且更容易制造虚化效果。

### 2. 图像分辨率

可录制视频的分辨率越高，画面就越清晰，图像细节也越丰富。由于手机已经可以实现 4K 视频的录制，所以如果需要单独购买摄像机，分辨率达到 4K 是最低要求。对于专业级摄影机而言，已有多款产品可以达到 6K，甚至是 8K 分辨率的拍摄。

### 3. 最高帧数

可录制视频的帧数越高，意味着摄像机的图像处理能力越强。而且对于高速运动摄像而言，高帧率录制可以让画面动作更流畅、连贯。而且从目前的视频发展趋势来看，越来越多的平台开始支持 60p 视频的播放。因此，摄像机是否具有高帧数视频的拍摄能力，也是需要重点关注的指标。目前部分高端机型已经可以录制 4K 分辨率下 100p，甚至是 120p 的视频。

### 4. 最低照度

最低照度也是衡量摄像机性能优劣的一个重要参数，有时省掉“最低”两个字而直接简称“照度”。这一数值指的是，当摄像机开到最大光圈并使用最大增益时，让图像电平达到规定值所需的照度。通俗理解就是，最低照度越低，那么摄像机就可以在越暗的环境下拍摄。

### 5. 信噪比

信噪比指的是，信号电压对于噪声电压的比值，通常用符号 *S/N* 来表示。*S* 表示摄像机在假设元噪声时的图像信号值，*N* 表示摄像机本身产生的噪声值 ( 如热噪声 )，二者之比即为信噪比，用分贝 (dB) 表示，这个指标是衡量摄像机质量的重要指标。信噪比越高，图像越清晰，质量就越高，目前主流摄像机的信噪比通常在 52dB 以上。

## 10.3.3　根据预算选择机型

其实无论是根据用途还是性能进行选择，最终还是要根据预算来确定机型。因为不同用途的机型，越贵的，性能往往也会越好，但手中的预算却是有限的。当然，相同价位的机型，其性能侧重点也会有所不同，有的机型侧重高分辨率，有的机型侧重高帧数，那么就要根据个人的实际需求，去选择预算范围内重要性能最佳的那款机型。

# 10.4　摄像机的握持方式

要想拍好视频画面，如何持拿摄像机是第一个需要了解和掌握的，不正确的拍摄姿势容易造成摄像机的抖动，既影响画面的清晰性也容易疲劳。而正确的拍摄姿势则能保证摄像机的稳定，使拍出的画面清晰、平稳，而且操作合理、轻松。

## 10.4.1　基本握持姿势

无论是肩扛还是手持摄像机，从总体上来看，握持摄像机都应该做到平稳、放松和匀速。摄像机根据外在体积的差异，大体可分为大、中、小 3 种类型，每种类型的握持方式又有所不同。另外，同一种机型根据机位的高低，也有不同的握持姿势，因此，应先掌握好基本的姿势。

一般情况下，将摄像姿势分为站立和跪立两种。站立时，双腿呈 45° 夹角站立，无论摄像机的大小，这样的站立方式都是最有利于身体稳定的姿势。而跪立的姿势一般是右脚屈膝垂直立于地面，右脚屈膝将膝盖抵于前方地面，后脚掌弯曲，同时右手曲臂抵在右膝盖上，右手掌承托摄像机，这样摄像机的重量通过手掌、手臂、膝盖、小腿直接传递到地面，保证了握持的稳定性。

站姿和跪立的基本持机姿势

### 10.4.2 便捷摄像机握持姿势

便捷家用摄像机（掌中宝）体积小巧，因此其握持方式比较灵活，通常以右手为主拍摄，站立时右手持机，左手握住显示屏或托住镜头来稳定拍摄，但高角度时可以单手举高摄像机，向下翻转显示屏进行拍摄，也可以将摄像机放在腰部低角度向上，左手翻转显示屏取景，右手托住摄像机拍摄。

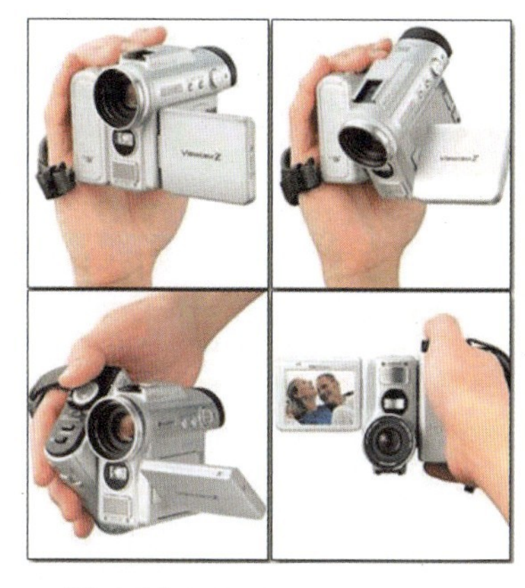

“掌中宝”握持姿势

### 10.4.3 大中型摄像机握持姿势

中型摄像机的体积不大，在握持上只要注意兼顾镜头调整即可。有多种的操作姿势，既可以像小型机那样以高、低角度拍摄，也可以像大型机那样站立肩扛拍摄。

大型摄像机体积大而且比较沉重，此时如何稳定操作就是第一位的，所以大型摄像机的底部都有弧形的缓冲高密度海绵，用于在肩扛时缓冲与人体的共振，也增加了摄像师的操作舒适性。前方镜头的控制把手是按照人体工程学来设计的，这样摄像师左手操控寻像器，右手把控机身和镜头，双手各负其责，配合操作，增加其稳定性。当然，大型摄像的持机的稳定性非常重要，最好以其他辅助设备来帮助稳定摄像机。在大型摄像机的底部往往是统一的V形快装卡槽，就是为了方便摄像工作中快捷使用相关的稳定设备。

大中型摄像机的握持姿势

## 10.5 保持摄像机稳定的基本技巧

如果使用的是小型摄像机，其保持稳定的方法与使用单反相机相似，所以此处不再赘述。本节主要以使用中大型摄像机为例，介绍保持其稳定性的方法。

### 10.5.1 控制呼吸

使用中大型摄像机进行拍摄时，往往会用长镜头的拍摄，例如街头访谈、纪实等。而憋住一口气的方法只能在短时间内获得稳定的画面，一旦在憋气时间内没有完成拍摄，那么在重新呼吸之后就很难维持机器的稳定性了。

所以，正确的做法应该是有意识地控制呼吸，使呼吸既轻又均匀。这样可以最大限度地避免身体出现起伏，有效避免画面抖动。

## 10.5.2 侧身开摇更稳定

在进行摇镜拍摄时，重心降低，下身不动，只转动上半身，并且从侧身开摇，落幅时回到身体正面。这样比从正面开摇，到侧身拍摄结束得到的画面更稳定。在侧身开摇之前首先要站稳，并将身体正面朝向落幅的位置，然后侧身开始拍摄即可。

## 10.5.3 移动时身体重心始终落在一条腿上

在移动拍摄时，降低重心，双腿交叉移动，身体重心完全落在静止的那条腿上，然后以此循环。这种方法可以避免重心出现偏移，导致移动不稳出现的画面抖动。对于摄像初学者，可能不太适应此种移动方式，使用通俗的语言来描述就是“一步一个脚印”，不要着急移动重心，而是先迈腿，等脚已经稳稳落地，再移动重心。

## 10.5.4 手稳、肩平、头放正

想拍出稳定的视频，手稳、肩平、头放正是最基本的要求。而如果为了特意做到这几点，尤其是肩平和头放正，很有可能导致身体比较僵硬，从而适得其反，拍不出稳定的画面。

所以，追求肩平、头正的前提是身体务必保持放松。在放松的情况下，才能够不耸肩、不掉肩，颈部才会不歪斜，确保头部是摆正的。

其实仔细想一想，能够保持摄像机稳定的姿势也是可以让拍摄更轻松的姿势，毕竟只有在不紧绷肌肉的情况下，才能让摄像机更稳定。

# 10.6 了解摄像机操作的基本要领

从整体上看，每次的拍摄都是一个连续的画面，有起幅，有中间运动的部分，也有落幅。好的画面应该是从头到尾都很流畅、平稳，并有节奏的快慢变化和镜头的运动变化，这些因素都要处理好才能获得好的结果。因此，应按摄像操作的要领来拍摄。摄像机操作的要领是：留、稳、准、平、匀、长。

### 1. 预留

预留是指，每次拍摄的起幅之前和落幅之后应多拍 5s 画面，以便于进行后期编辑。

### 2. 稳定

稳定是指，拍摄过程都应保持稳定，不能晃动摇摆，否则，拍摄出来的画面会给观者带来不正常、失控和视觉疲劳等感受，当然，有画面目的需求的晃动除外。

### 3. 准确

准确有两个方面的要求，一是构图准确、合适，迅速到位；二是准确聚焦，影像清晰。无论是静态画面，还是镜头推拉摇移，都要一步到位、准确交替、结尾干净。

### 4. 平直

平直主要是指，在画面中地平线等应保持水平，建筑物等应保持直立。如果拍摄时不注意，不能保证这两大标志线条的平直，使其歪歪斜斜地出现，就会给观者造成车辆翻倒、地震发生等错觉。

### 5. 匀速

匀速是指运动镜头的操作不要忽快忽慢、颠三倒四。如果镜头在推拉摇移中，节奏不均匀、不合理、不正常，就会使观者感到画面混乱不堪。

### 6. 长度

长度是指，在拍摄时要掌握好每个镜头的长度。一般来说，特写镜头为2~3s，中近景为3~4s，近景为5~6s，全景为6~7s，大全景为6~11s。运动物体的镜头长度可稍长，静止物体可稍短，如果一个镜头的时间太短，图像会看不清楚，但如果镜头的时间太长，则显得节奏拖沓，使人厌烦。

# 10.7 商业类专题拍摄基本思路

商业类专题是指，能够获取报酬的视频拍摄项目，包括会议、企业宣传片、产品展示、庆典、教育培训等。由于是商业性质的任务，所以不同于自己拍摄文艺作品那般随心所欲，视频需要按照客户的要求来拍摄。

## 10.7.1 企业专题片拍摄

企业专题片就像是企业的“活”名片，是宣传企业形象、品牌、产品、活动等最常见、最直接、最全面的视频影像，通过视频演示可以让客户在轻松的环境中，形象而真实地了解一个企业的精神、文化、工作业绩和发展状况。

由于企业专题片要起到宣传的作用，因此要涉及的面也比较广，包括企业的建筑景观、生产设施、会议和庆典活动、产品生产过程、产品实物、教育培训等，从外到内，从大到小，从人到物，面面俱到。

一般来说，对于邀拍的企业专题片都会有一个明确主题（重点），如优质产品、现代化生产线、绿色环保、美好景观、企业庆典等。拍摄和表现的中心就应该按既定主题来设计，其他方面内容只需要略微提及即可。

在企业专题片的整体构思和画面设计上，应把握好下面几个要点。

### 1. 深入了解情况，突出企业特色

没有特色的企业宣传片不仅单调、乏味，也不易表现出重点，不能给人留下印象。若要做到影片有特色，就要努力挖掘企业有别于同类企业的特点，找到具有鲜明个性又对同行业具有建设性的企业特色，并加以凸显和弘扬，这是企业宣传片制作的重要着眼点。

### 2. 信息量要大，表现要立体

对企业的表现应详细、全面，且主次分明，使受众对企业状况、企业文化、产品特性有全面、清晰的了解，有助于树立良好的企业形象或品牌亲和力。要用真实、丰富的信息量冲击受众，避免堆砌大话和空话。

### 3. 朴实、生动的内容，避免太商业

企业宣传片的创意，要以纪实风格为主，突出新闻性，避免广告味太浓，功利性太强，给人生硬死板的感觉。宣传片除了本企业员工或经理上镜，还可让企业外的权威人士、客户代表讲话，这样更客观、真实，有说服力。

### 4. 大场面大气势，切忌死气沉沉

生动自然、真切感人是影片成功的关键，大场面拍摄可以增加气势，使画面生动，也可强化企业的可信度。在拍摄中，要避免假模假式，切忌死气沉沉、毫无生气。而必要的煽情可以使影片激情绽放，生动有力，博得客户的称赞。

### 5. 解说词与画面并重

企业宣传片的解说与镜头画面同等重要。拍摄宣传片前应当先整理好解说词，这样可以更从容、有章法地拍好影片，不致丢失内容。如时间紧迫，解说词暂时难以定稿，也应有尽量详细的提纲以便于拍摄。宣传片的解说词要文采飞扬，铿锵有力，切忌官样文章，空洞无力。

### 6. 备好拍摄提纲，设计拍摄效果

拍摄企业宣传片应准备好具体的拍摄提纲，设计好重点、选用的镜头画面及采用的摄像技巧。画面要讲究用光、构图，以保证画面的技术质量和表现效果。由于有些内容会采用比喻、象征等手法来介绍，与此相对的画面不用实拍，可以收集和利用企业自身高质量的资料来填充。

### 7. 配音要专业

邀请专业的播音员、主持人来录解说词，可以提高影片的质量，不可轻视、随意。使用专业配音对企业的形象提升是显而易见的，可以起到事半功倍的作用。

### 8. 音乐与节目主题、节奏吻合

企业宣传片中的音乐可以起到烘托渲染的作用，但应避免太有个性的音乐元素，如流行歌曲。一般而言，电视专题片中的音乐是不直接给观众传递信息的，背景音乐的音量不能超过解说音量，解说音量与音乐音量之比为 3 ： 1 或 4 ： 1 较为适合。

总之，拍摄要多站在企业和客户双方的角度上来思考、设计，综合多种艺术技巧和表现手段，才有可能创作出好的企业宣传片。

## 10.7.2 婚礼庆典和聚会

在商业类摄像服务中，婚礼摄像、亲朋聚会（节日、生日、同学、搬迁等）和会议庆典等拍摄都是很重要的服务项目。目前社会上这类需求越来越多，有许多礼仪公司、广告公司和影视公司专门以此为业，业务越来越繁忙。由于庆典聚会大部分情况下是不能事先排练的，也不能事后补拍，因此，拍摄此类题材时，要了解并掌握专业的知识和技巧。

### 1. 抓住精彩瞬间，表现人物特点

拍摄重大聚会时，有些镜头是必须有的，如送礼物、交换信物、祝福、唱歌、吹蜡烛、许愿、开怀大笑等，要注意抓拍特点鲜明的人物，如表情动作夸张、吃相特殊、醉酒的人，以及生动有趣的细节。除了拍摄重点来宾，也要照顾到其他的来宾，要尽量做到让每位来宾都能出镜。

### 2. 注意观察，巧妙构思

大型的庆典聚会人物众多，热闹喧杂，需要拍摄者全神贯注才能抓住重点人物。例如在婚礼活动中，新人进门和敬酒等关键时刻，一旦错过就会使客户抱憾终生。为了画面的新颖生动、活泼热烈，大胆创意和巧妙构思是很重要的，因此，可通过设计情节过程，选择合适角度，综合运用镜头以及对精彩细节的详细刻画等手段，烘托喜庆热烈的场面，记录下美好难忘的婚礼全过程。

### 3. 巧用运动镜头，突出主体对象

运动镜头可以完整记录人物的动作过程，使画面具有强烈的现场真实感。例如，拍摄婚礼多用跟摄法——前跟（倒退拍摄）拍新人进门，后跟（背后跟拍）拍新人入洞房，侧跟（旁侧跟拍）拍新人交换信物。跟摄中，画框始终“套”住运动中的新人，可使画面连贯且主体突出。

再如，拍摄婚庆花车时，采用“弧形移动”法拍摄出来的镜头极富现场感，效果自然生动。“弧形移动”拍摄是指摄像者手握摄像机，围绕花车以圆形或弧形线路移动，而不是直线移动。在拍摄时要注意步伐，两腿微曲、双脚交替绕行，在身体轻缓移动中完成整个拍摄过程，这样可以避免走路时带来的振动，而达到滑行的效果。要注意移动弧度不宜过大或过小，且在整个片段中，花车主体应该始终在画面中央。

### 4. 上下左右摇摄，表现环境

拍摄内、外景时，摇摄是绝对不能缺少的，这样可以用来交代全景，把周围的景观尽收于镜头之中。摇摄一般有上下摇摄和左右摇摄两种，在外景拍摄时，可以采用左右横向的摇摄，将宽广的现场空间和众多的人物都记录下来。在内景拍摄时，采用上下纵向的摇摄，如拍摄新房内景时，可运用上下摇摄，镜头从屋顶的彩灯向下移动到悬挂的大红喜字，再到喜字下面的新人，连人带景尽收眼底。

### 5. 构图多用中心法和三分法

在拍摄庆典、欢聚等人物活动场面时，常用中心法构图表现人物主体。即将重点对象放在画面的中心，无论是固定的还是运动的，都尽量保持该重点人物在中心位置。另外，也可以选择三分法构图，即将人物主体放在画面的1/3处，例如拍摄新郎、新娘时，多用三分法的构图原则，让新郎、新娘正好位于画面的1/3处，而不是画面的正中央，这样的画面比较符合人的视觉审美习惯。需要注意的是，无论是中心构图还是三分法构图，所拍人物的头顶都不要留太多的空间，否则会造成构图不平衡且缺乏美感。

### 6. 片头、片尾温馨喜庆

庆典聚会专题片摄制完成后，应精心制作一个既精美又充满喜庆气息的片头和片尾，这样可以渲染喜庆的气氛，也可以提高影片的档次。聚会类专题片在全片色调上应统一设计，要吻合主题内容和情感氛围。例如，婚礼专题片应以暖色调为主，让人感到温馨喜庆；同学聚会应以绿色调为主，让人感到清新自然。在声音效果和背景音乐的安排上，可以加入一些特别的元素，例如，企业庆典专题中可加入厂歌合唱和现场掌声等，同学聚会中可以加入曾经流行的老歌、校歌和童谣等，婚礼专题上可加入新郎、新娘的声音等。

总之，庆典类影片的拍摄中，只要是抓住重点不缺精彩，宁多勿少不缺画面，喜气洋洋不缺气氛这几点，就可以制作出一部好的喜庆专题片了。

## 10.7.3 产品广告专题拍摄

广告类专题拍摄也是商业摄像中的重要组成部分，并且其业务量要比以上两类更多。正因为具有庞大的业务量作为支撑，各个地区都不缺乏大型的、成规模的广告类拍摄公司。广告拍摄主要以宣传为主，因此宣传效果是首先需要被考虑的，也是更重要的。相信各位也看过很多拍摄略显粗糙，特效几乎没有，但是宣传效果却非常好的广告。因此，广告是否能引起消费者的购买欲才是重中之重。

### 1. 要有创意

创意是缥缈的，不像其他一些可感知可触摸的东西。有时灵光初现，可能一篇技惊四座的广告作品就诞生了。一个具备创意的广告作品，不但可以快速让观者记住产品，更重要的是，可以形成一种隐隐的信任感。

想要拍摄出具有创意的广告视频，就需要对产品有深入的了解，并从产品的外观、功能、用途、实际使用体验等方面，寻找创意灵感，并落实在前期拍摄计划中。

### 2. 适当的夸张

需要强调的是，这里的“夸张”并不是对产品性能、作用的夸大，而是通过广告中人物的表情或者一些几乎不可能在现实生活中出现的事件来对事物

进行夸张处理。问题突出后，自然可以引出产品，从而让观者深深感受到广告中产品的重要性。

### 3. 营造视觉冲击力

一条广告的时间，短的在 3s 左右，长的也往往在 20s 以内。为了在很短的时间内让观者记住产品并信任产品，一定的视觉冲击力是必不可少的。

可以通过对精彩瞬间拍摄升格画面，或者利用超广角镜头强化透视畸变，通过光线营造强烈的明暗对比，利用声音营造画面动感等多种方式，调动观者的感官，从而让产品在短时间内深入人心。

### 4. 重在简约明了

广告的每一秒、每一个画面都非常重要，必须要有明确的宣传目的。否则不但会造成投放广告资金的浪费，还会减弱消费者对产品核心竞争力的印象。

在前期准备分镜头脚本时，就要让每一个画面展示产品宣传重点。例如需要表现产品使用前后效果对比的画面，直接在同屏进行对比则最为简洁有效。

对于一些具有故事情节的广告而言，首先，情节不能复杂，大家一看即懂的生活情节为佳。其次，尽量通过一到两个镜头完成情节交代，其余时间均应用于对产品本身的展示、宣传。另外，情节的表现可以如上文所述，适当进行夸张，从而既能营造一定的视觉冲击力，又能让广告更深入人心。

# 10.8 新闻摄像

现代人类生活中，人们对新闻的需求，几乎可以说犹如空气和水。新闻摄像主要是用于报道新闻的视频影像拍摄活动。它强调的是新闻的真实性、时效性和瞬间性等，对所见的事物进行客观、实事求是的纪录。所以，新闻类视频影像并不在乎构图是否完美、技术手法是否得当，而更注重其传递的新闻信息量和传播效果。

## 10.8.1 新闻类专题

新闻视频以报道及时、声画并茂等优点为人们喜闻乐见。随着摄像器材越来越轻便、简单、易操作，在对各地突发事件的报道上，手机和照相机摄像也已经开始大显身手。除此之外，若想拍好新闻视频，还应加强对新闻常识和拍摄技术、技巧等专业知识的学习。

### 1. 新闻价值是首位

新闻价值体现在真实性、重要性、时效性、现场性等方面。同一个新闻，如果分别采用视频和照片来报道，虽然信息量不同，完整度不同，但在新闻价值的要求上完全相同。也就是指一个新闻的 4W（When、Where、Who、What）+ 1H（How），即“何时、何地、何人、何事、怎样”在拍摄的新闻视频中是必须有的。

### 2. 新闻画面的不完整性

所谓画面的不完整性，是指新闻画面大多是不连贯的，并不一定是从头到尾的全程记录。所以日常播出的新闻视频大多不会叙述事件的经过和变化，只要将该新闻事件叙述清楚即可，而且是以精炼为好，所以新闻视频画面的特点就是不受情节性镜头组合规律的约束，也不必构建画面与画面的承继关系，这一点与其他类型专题片（如文艺类）有明显不同。

### 3. 新、快、活

新闻视频具有广播、文字和图片集为一体的独特优势。新闻视频是从画面到声音，从开始到结束，从人物到环境，将立体海量的视频信息完美结合，以客观、具体的动态画面内容表现新闻事件中的人物、时间、地域等要素，使人们了解事件的发展变化和现场信息。所以，报道新近发生或发现的事实，可借助新闻视频的形式将其传播出去，详细准确地报道给世界各地的人们。

### 4. 解说词是主导

大多数的视频新闻关掉画面只凭听声仍然可以了解整个新闻，因此，在新闻短片中的旁白解说作用很重要，这也对拍摄提出了更高的要求，所以在现场拍摄时要捕捉典型的形象元素，以弥补声音叙事所表达不了的内容，另外，对现场原始声音的记录，也是一个非常重要的新闻要素。

### 5. 主要技巧全景和中近景

在视频新闻拍摄中，取景构图方面的主要技巧在于全景和中近景的运用。利用全景和中近景，可多使用固定镜头，避免过于频繁地推拉镜头，因为推拉镜头有着主观色彩。切记不要漏掉人物活动的关键镜头，重要的镜头才是最有说服力的。

### 6. 声画组合多样化

从全面和真实的效果上看，视频新闻在拍摄时采用丰富多样的声画组合是最佳方式。其中，现场声音的采集和设计是一个很好的途径，诸如记者旁白、现场原声、访问群众、播音等，如果能与画面有机结合，就可以达到最佳的传播效果。这些需要提前想到和设计，才能在瞬息万变的现场运用自如。

### 7. 自动化功能很必要

在拍摄器材的选择和使用上，拍摄新闻最适合的当属自动智能化程度高的摄像机，此类摄像机可以减轻拍摄者的负担，使其将更多的时间和精力用在跟踪抓取新闻人物的精彩动作及构图上。例如，自动调焦适用于抓拍新闻，尤其是运动类的体育新闻；再如，自动白平衡也可以帮助摄像师在随时变换的户外现场获得不错的画面色彩。

总之，拍摄视频新闻要能吃苦，能运动，能随机应变，这是一个强者的工作，对于摄像师更是如此。

## 10.8.2 会议专题

会议是最常见的工作形式，拍摄会议也是最常见的任务。虽然会议摄像不需要变换场地，看起来似乎比较简单，其实要想将会议拍摄好，需要有相当多的技巧和经验。例如，会议拍摄要有时间、地点、人物、会议开始、经过和结束 6 要素，注重资料记录完整，内容面面俱到等，因此，只有熟悉会议流程会的人，才可能熟门熟路、手到擒来。

### 1. 会前准备

首先，最好先和有关组织者交流，在拍摄前搞清楚所要拍摄的主题，弄清楚会议的主次关系，以便对要拍摄的内容心中有数，到了拍摄时，才能够抓大放小，主次适当；其次，应实地考察会场大小、灯光、主宾位置、拍摄机位等；最后，还要提前准备好摄像器材和附属配件，并确保工作电池电能充足。

### 2. 开机试拍

拍摄会议应提前到达会场，并马上开始准备工作。首先，校准摄像机工作时间，以便后期制作需要强调时间时加上解说；其次，根据现场光源调整白平衡，保证画面色彩真实、不偏色；最后，调试完成后，试拍 10s 画面并回放检查。一切正常后，随时开拍。

虽然看起来是很小的环节，但为了确保拍摄顺利，应注意细节部分。

### 3. 拍摄环境背景

在会议开始之前，可以记录一些背景资料，例如会场内外的布置、会标横幅、重要来宾签到、主宾握手交谈的画面等，这些画面可以用来间接说明会议内容并烘托气氛。拍摄环境背景资料时，还能抓到一些生动活泼的人物交流场景，因为在会议正式开始前，大家处于一种自由轻松的状态，流露出的神情也非常自然。有些重要来宾在会议前提前到场，此时可以把重要来宾的签到、到贵宾室休息和主宾之间握手交谈的画面等都记录下来。

### 4. 会议开始

会议开始时，先拍摄会场的总体布置（包括主席台全景和会场全景），接下来拍摄主持人宣布会议开始，全体参会人员鼓掌的画面。在拍摄时画面变换要慢，以突出会场严肃的气氛。此时应以全景画面记录，包括人物进场过程中的会场全景和主席台全景——活动场面，以及人物全部就座后的会场全景和主席台全景——静止场面。

### 5. 会议中间

会议开始后的拍摄重点是会议的“主角”和重要议程，如重要讲话和发奖等，拍摄发言人时最好采用正面拍摄，以展现其正面形象。取景构图上，应使用中心式构图，对于重要发言人可采用半身和特写画面，强调其眼神、表情和姿态，以增加其发言的说服力和吸引力。除此之外，参会人员的画面也是必不可少的，只有发言人的画面会显得很空洞。

### 6. 会议结束

会议结束时应该先将镜头对着主席台拍摄主席台人物，然后再把画面转向起立鼓掌的参会者，最后在出口处拍摄其出场的画面，以“渐变黑幕”的画面变换方式结束本次会议拍摄。

有些会议在结束后会有主要领导接见参会来宾的活动，此时应在拍完最后一个发言者后马上到达接见活动现场，提前做好拍摄的准备工作。

### 7. 声音采集

在会议的拍摄过程中，始终都要注意声音的采集录制，没有声音可能会丢失一些精彩细节，导致信息不完整。如果是重要的会议，最好提前在会议现场安装专门的录音设备，录下整个会议过程中的声音资料，以备后期编辑时使用。

总之，会议的拍摄记录主要是用来制作记录专题或新闻报道的，因此，信息的真实性和完整性是最重要的。虽然在拍摄要求上和新闻大体相似，不追求艺术花样和炫目特技，但在后期制作中，可以适当添加特技效果，以增强某些画面的视觉冲击力。

## 10.8.3 文艺专题片

文艺专题片的范围很大，涵盖了从文学理论到艺术门类再到娱乐生活。通常文艺专题主要是指，以文化艺术类题材为对象的视频影片，例如，艺术家介绍、民歌溯源、广场舞专题等。这类专题强调文学性和艺术表现力，在选题选材上精选深入，在创意构思上无拘无束，在编辑制作上自由全面，在画面形式上新颖独特。文艺专题是深受大众欢迎的影片类型，在各电视台和网络上都有重要的栏目安排，它也是非常值得去学习、探索的视频创作领域。

### 1. 自由、多样、前卫

文学艺术作品是人类的精神食粮，是非常受到人们青睐的题材。文艺作品通常都形态多样、演变万千，所以在拍摄文艺专题时，应运用各种视听艺术手段，在整体思路与手法上变化多样，并具有前卫探索的勇气，力求创作出丰富的视觉画面和新符号形式。当前社会时尚浪潮层出不穷，文艺的生命力在于它不断变换着形式和内容，给人提供艺术享受，即使曾经非常新奇的东西，如果没有变化很快就会令人生厌。

### 2. 蒙太奇手法

文艺专题片无论是从影片的基本结构、叙述方式，或是最初的编剧到最后的制作环节，还是镜头、场面、段落的安排与组合技巧等，蒙太奇都可以贯穿运用。通过蒙太奇的思维方式和组接手段，连贯起每个画面，可以达到引人入胜的境界，从而增加了真实感和传播深度，使观者逐渐进入故事之中。

### 3. 叙事性和情节性

文艺专题的特点就是讲究画面叙事的完整，表现情节的生动。一般来说，

文艺专题片的创作过程就是一个讲故事的过程，可以是人物故事、动物故事、音乐故事、书画故事等。最好的文艺专题片，都是通过画面的快慢节奏展开故事内容的，将观者深深吸引到故事之中，随着故事的起伏跌宕而喜怒哀乐。

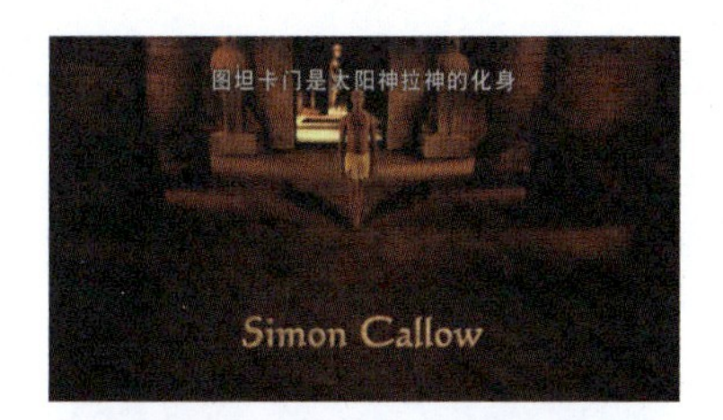

### 4. 表现环境氛围

文艺专题影片中对环境空间的刻画尤为重要，直接影响着这部作品的优劣，因此，要注意大环境和主角度画面的表现。为了更好地叙述接下来的故事是在什么地方、什么背景下发生的，故事发生的场景要交代清楚，用来表现方位环境的全景、大全景定位镜头作为主角度要拍好，这些表现对于影片非常重要。

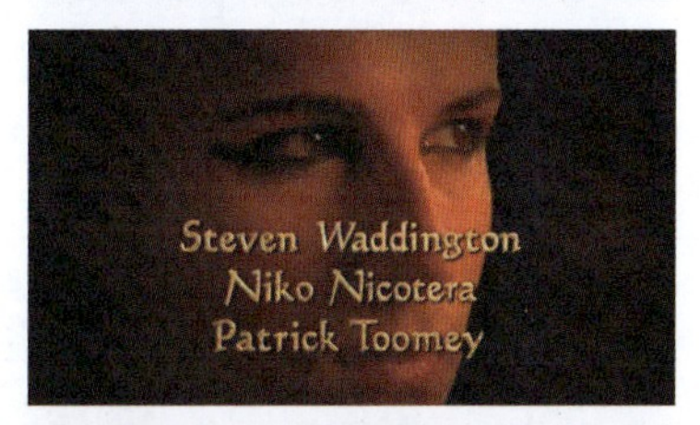


### 5. 特写镜头的运用

特写镜头作为细节刻画的手段很重要，具有强烈的冲击力和点睛作用。人的言语、动作和情绪变化是构成整部作品的逻辑主线，表现好这根主线的关键经常是人的表现，在交代和表现事件的高潮中，除了多角度和景别的变化，特写画面可以将人物神情和动作的细微点滴放大、突出，强迫人们观看和接受，并与画中人产生相同的情感变化。因此，注重特写镜头的运用，也是文艺专题创作中最常用的手段之一。

### 6. 立体多角度

对于同一个被摄者，不同的拍摄角度，人物形象也会不同。在文艺专题的创作中，立体方位多角度拍摄是很常见的，在不同的故事情节中，可以设计不同的拍摄角度，从而烘托和展现主体对象，例如，从天上俯瞰大地，使人物看起来小而空间广阔；从地面仰望大山，使高山看起来更高大，更雄伟；从大地凝视前方，使人与景物吻合紧密。如果采用升降摇移拍摄同一个被摄体，可将其表现得很有立体感。

总之，文艺题材的拍摄，需要比其他题材更自由、更浪漫、更立体，才能更吻合对象自身的特点，创作出更具有文艺范儿的专题片。